U0216689

中华乌塘鳢

生物学与养殖技术

洪万树 何超贤 陈仕玺 张其永 编著

厦门大学出版社
XIAMEN UNIVERSITY PRESS
国家一级出版社
全国百佳图书出版单位

图书在版编目(CIP)数据

中华乌塘鳢生物学与养殖技术／洪万树，何超贤，陈仕玺，张其永编著. —厦门：厦门大学出版社，2016.12

ISBN 978-7-5615-6231-4

Ⅰ. ①中…　Ⅱ. ①洪…　②何…　③陈…　④张…　Ⅲ. ①塘鳢科-鱼类养殖

Ⅳ. ①S965.299

中国版本图书馆 CIP 数据核字(2016)第 223742 号

出 版 人　蒋东明
责任编辑　李峰伟　陈进才
封面设计　蒋卓群
责任印制　许克华

出版发行　厦门大学出版社
社　　址　厦门市软件园二期望海路 39 号
邮政编码　361008
总 编 办　0592-2182177　0592-2181406(传真)
营销中心　0592-2184458　0592-2181365
网　　址　http://www.xmupress.com
邮　　箱　xmupress@126.com
印　　刷　厦门市明亮彩印有限公司

开本　787mm×1092mm　1/16
印张　7
插页　6
字数　158 千字
版次　2016 年 12 月第 1 版
印次　2016 年 12 月第 1 次印刷
定价　28.00 元

本书如有印装质量问题请直接寄承印厂调换

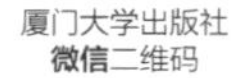

前　言

中华乌塘鳢在我国分布于东海、台湾海峡和南海，是我国东南沿海的主要经济鱼类之一。中华乌塘鳢具有生长快、生命力强、能够长时间鲜活运输等特点；其肉质鲜嫩、营养丰富，具有促进伤口愈合的功效，深受广大群众喜爱。我国于20世纪80年代开始了中华乌塘鳢的人工育苗和养殖研究，养殖区域主要集中在我国的福建、广西、广东、浙江等省的沿海。中华乌塘鳢既可单养，也可以与对虾混养，养殖产量高，经济效益显著。30多年来，中华乌塘鳢育苗和养殖技术不断改进和创新，目前已形成了一套比较完整且成熟的人工育苗和养殖技术工艺。

本书是笔者在参考了国内许多学者在中华乌塘鳢育苗和养殖方面的研究成果，结合自己长期从事中华乌塘鳢育苗和养殖所取得经验的基础上编写的，旨在为我国中华乌塘鳢养殖产业的发展提供参考资料。

本书在编写过程中得到厦门大学海洋与地球学院毛勇教授级高级工程师的指导和帮助；本书的出版得到福建省基层科普行动计划专项资金的资助，厦门大学生命科学学院高亚辉教授提供小球藻和扁藻照片，在此一并致谢！

本书如有错误或不妥之处，敬请读者批评指正。

编著者

2016年6月于厦门

目 录

第一章

中华乌塘鳢生物学

第一节　分类与分布

中华乌塘鳢(*Bostrychus sinensis*)俗称鲟虎、土鱼、乌鱼、鲃鱼，生物分类学上隶属于脊椎动物亚门(Subphylum Vertebrata)、硬骨鱼纲(Osteichthyes)、鲈形目(Perciformes)、鰕虎鱼亚目(Gobioidei)、塘鳢科(Eleotridae)、乌塘鳢属(*Bostrychus*)。背鳍Ⅵ，Ⅰ-9-12，臀鳍Ⅰ-8-9，胸鳍17-18，腹鳍Ⅰ-5，尾鳍16。体延长，前部圆筒形，后部侧扁。鱼体及头部被小圆鳞，纵列鳞112-125。口大，前位。颌齿小，多行，无犬齿，腭骨和舌上均无齿。无侧线，尾鳍圆形。体长为体高的4.6～6.6倍，为头长的3.5～3.8倍；头长为吻长的3.6～4.7倍。鼻孔每侧2个，前鼻孔具细长鼻管。鳃孔大，侧位，前鳃盖骨边缘光滑无棘，鳃盖膜发达，鳃耙(3～4)+(10～11)。体背灰褐色或带暗褐色斑纹，腹面浅褐色。体表黏液丰富。尾鳍基部有一黑色圆形斑点(图1-1)(《福建鱼类志》编写组，1985；孟庆闻等，1995)。雌性成鱼外形较肥短，雄性成鱼外形较瘦长。

中华乌塘鳢分布于印度洋北部沿岸至太平洋中部的热带、亚热带海区，在日本、中国、泰国、印度、斯里兰卡、马来西亚、菲律宾、印度尼西亚和澳大利亚均有分布(钟爱华 & 李明云，2002)，我国产于南海、台湾海峡和东海，包括江苏、浙江、福建、台湾、广东、海南、广西等省的沿海水域(江寰新等，2004)。

图 1-1 中华乌塘鳢(*Bostrychus sinensis*)(附彩图)

第二节 生态习性

中华乌塘鳢栖息于近海沿岸潮间带中低潮区滩涂，为暖水广盐性鱼类，在海水和咸淡水中均能生活，具有钻洞穴居的习性，白天多栖息于洞穴内，夜间出洞活动和摄食。中华乌塘鳢栖息的洞穴有两个近圆形的洞口(出口和入口)(图 1-2)，出口直径为 4.1～4.7 cm，入口直径为 3.4～3.9 cm，出口和入口间距为 16～56 cm。树脂灌注的洞穴模型接近“Y”形(图 1-3)，洞穴的垂直深度为 32.0～65.7 cm，洞穴底部的最宽处为产卵室。

中华乌塘鳢的耐盐范围为 0～35，适宜的生长盐度为 10～25；耐温范围为 6～35 ℃，适宜的生长水温为 25～30 ℃，水温低于10 ℃时栖息于洞穴内不出洞摄食；耐 pH 范围为 6.5～9.0。

中华乌塘鳢适宜生活的水体溶解氧含量在 4.0 mg/L 以上，但它除了以鳃作为呼吸器官外，还可依靠鳃上器和湿润的皮肤进行气体交换，所以对水中的低

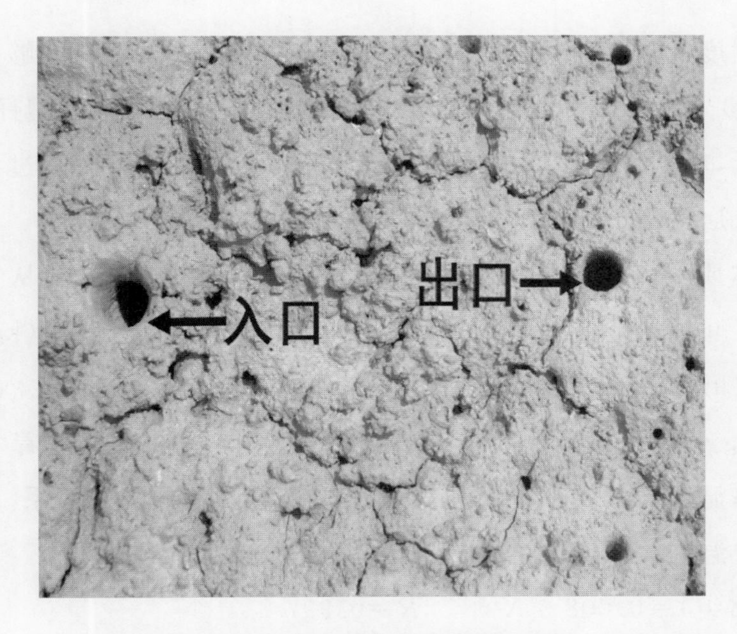

图 1-2　潮间带滩涂中华乌塘鳢洞穴的出口和入口

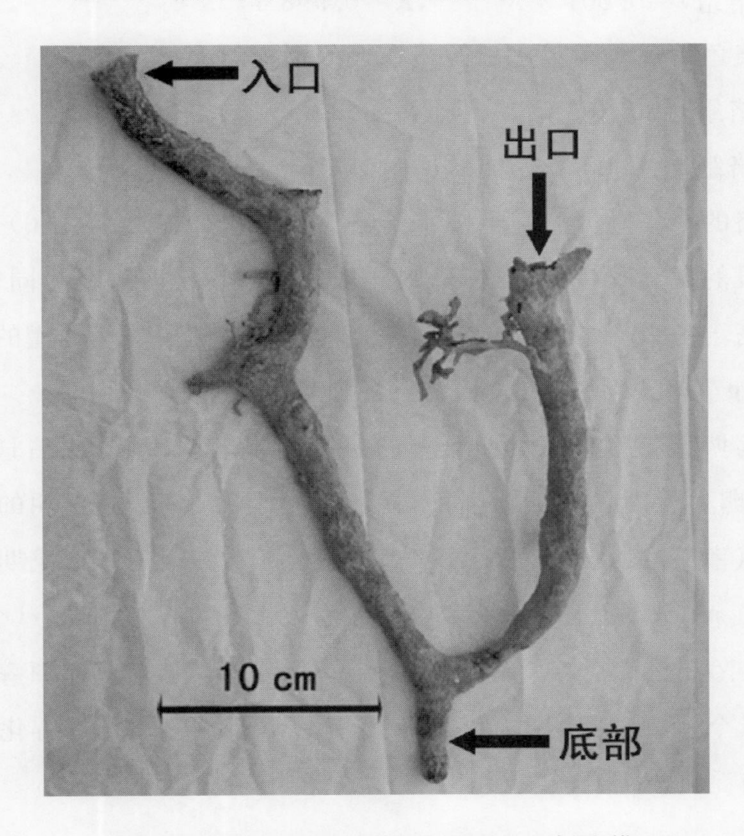

图 1-3　潮间带滩涂中华乌塘鳢洞穴的树脂模型

溶解氧量忍耐度极高，在溶解氧含量为 1.5 mg/L 的水体中也能够生活（钟爱华 & 李明云，2002）；耐干露能力强，能较长时间离水。中华乌塘鳢仔鱼和早期稚鱼营浮游生活，后期稚鱼向底层生活过渡，幼鱼开始向穴居生活过渡，以后一直到成鱼都营穴居生活（张健东 & 叶富良，2001）。

水温和体质量对中华乌塘鳢的耗氧率有显著影响。水温从16 ℃上升到32 ℃，大规格鱼（平均体质量 40.2 g/尾）的耗氧率从 37.34 mg/(kg · h)增加到136.72 mg/(kg · h)；而小规格鱼（平均体质量 18.0 g/尾）的耗氧率从42.81 mg/(kg · h)增加到203.62 mg/(kg · h)。同规格的鱼随着水温升高，耗氧量和耗氧率显著增大。水温与耗氧量和耗氧率均呈幂函数关系。两种规格鱼的耗氧量与水温的关系式分别为

Y(大规格组) $= 0.0083\ X^{1.8617}$, $R = 0.9972$

Y(小规格组) $= 0.0013\ X^{2.2754}$, $R = 0.9984$

两种规格鱼的耗氧率与水温的关系式分别为

Y(大规格组) $= 0.2030 X^{1.8675}$, $R = 0.9975$

Y(小规格组) $= 0.0822 X^{2.2471}$, $R = 0.9986$

两种规格的中华乌塘鳢在不同水温条件下，昼（09:00～18:00）、夜（21:00～06:00）两阶段的耗氧率差异不显著；同样规格的中华乌塘鳢在相同水温下，夜间的耗氧率略高于白天。水温 25 ℃时，大小两种规格的中华乌塘鳢的窒息点分别为 0.274 4 mg/L 和0.303 1 mg/L（张健东 & 陈刚，2002a）。

对中华乌塘鳢胚胎和仔鱼耗氧率的研究结果表明，从受精后16 h开始到仔鱼孵出，直到卵黄囊消失，这段时间内耗氧率呈上升趋势，仔鱼期的耗氧率高于胚胎期的耗氧率。胚胎发育期耗氧率呈明显上升趋势：胚体形成期的耗氧率为(1.66±0.66) nmol/(个 · h)，血液循环期为(4.43±0.77) nmol/(个 · h)，眼睛褐色素出现期为(6.68±0.30) nmol/(个 · h)。孵化前期耗氧率为(7.25±0.31) nmol/(个 · h)，孵化期为(8.26±1.70) nmol/(个 · h)，孵化后的前期仔鱼（1～4 d）的耗氧率上升较缓慢（Chen *et al.*，2006）。

第三节　摄食与消化

中华乌塘鳢是凶猛的肉食性鱼类，口裂大，摄食和消化器官发达，肠道粗而短。仔鱼开口饵料为轮虫和桡足类幼体，仔稚鱼摄食轮虫、桡足类、枝角类、虾蟹幼体等小型浮游动物，幼鱼和成鱼则摄食虾类、蟹类、底栖无脊椎动物和其他小型鱼类。

中华乌塘鳢的消化酶活性与其摄食习性有关，食道、胃、肝脏和肠道均可检测到酸性蛋白酶、胰蛋白酶、糜蛋白酶、羧肽酶 A、氨基肽酶、γ-谷氨酰转肽酶、脂肪酶、碱性磷酸酶等消化酶活性，胃的酸性蛋白酶活性显著高于食道、肠道和肝脏；肠道的胰蛋白酶、糜蛋白酶、羧肽酶 A、γ-谷氨酰转肽酶和脂肪酶 5 种消化酶的活性均显著高于食道、胃和肝脏。中华乌塘鳢的食道、胃和肠道均可检测到淀粉酶、纤维素酶、麦芽糖酶、蔗糖酶、乳糖酶、海藻糖酶和纤维二糖酶 7 种糖酶的活性，肝脏除纤维素酶和海藻糖酶外，其余 5 种糖酶均可检测到；肠道除淀粉酶和乳糖酶外，其余 5 种糖酶的活性均显著高于食道、胃和肝脏；肝脏的淀粉酶活性显著高于肠道。胃蛋白酶和淀粉酶的最适 pH 分别为 2.0 和 6.6～7.5，肠蛋白酶和淀粉酶的最适 pH 分别为 10.5 和 6.5，肠胰蛋白酶、糜蛋白酶的最适 pH 分别为 8.5 和 8.0(吴仁协等，2007)。

吴仁协等(2006)将中华乌塘鳢成鱼肠道从前部到后部分为3 段，分别称为肠Ⅰ、肠Ⅱ和肠Ⅲ，研究了肠道不同区段刷状缘膜消化酶的活性。研究结果表明，经过添加 $CaCl_2$ 沉淀剂处理后，麦芽糖酶、蔗糖酶、碱性磷酸酶、氨基肽酶和γ-谷氨酰转肽酶 5 种消化酶的比活力均有大幅度增加；这 5 种消化酶在肠Ⅰ和肠Ⅱ刷状缘膜中的富集系数为 6.0 ～17.6；肠Ⅲ刷状缘膜 8 种消化酶(麦芽糖酶、蔗糖酶、乳糖酶、海藻糖酶、纤维二糖酶、碱性磷酸酶、氨基肽酶和 γ-谷氨酰转肽酶)的比活力和富集系数均明显小于肠Ⅰ和肠Ⅱ。Na^+-K^+-ATP 酶在中华乌塘鳢各段肠刷状缘膜中的富集系数为 1.1 ～1.4。

各种消化酶的比活力在肠粗酶液和肠刷状缘膜中的分布模式并不相同；每

一种消化酶的比活力在各段肠刷状缘膜中差异显著,而在各段肠粗酶液中差异并不明显。肠Ⅰ刷状缘膜除乳糖酶外,麦芽糖酶、蔗糖酶、海藻糖酶和纤维二糖酶的比活力均显著高于肠Ⅱ和肠Ⅲ;肠Ⅱ刷状缘膜的碱性磷酸酶、氨基肽酶和γ-谷氨酰转肽酶的比活力均显著高于肠Ⅰ和肠Ⅲ。

叶海辉等(2006)应用链霉菌抗生物素蛋白-过氧化物酶免疫细胞化学方法,研究了中华乌塘鳢消化道内6种分泌细胞(生长抑素、5-羟色胺、胰多肽、血管活性肠肽、P物质和降钙素)在食道、贲门胃、幽门胃、前肠、中肠和后肠中的分布与密度。研究结果显示,生长抑素细胞在贲门胃、中肠分布较多,食道与幽门胃较少;5-羟色胺细胞在食道分布较为丰富,胃中次之,前肠较少;胰多肽细胞仅分布于肠道,且后肠居多,前肠、中肠较少;血管活性肠肽细胞分布于食道和贲门胃,但食道较少;P物质细胞在后肠分布较为丰富,前肠较少;降钙素细胞集中分布在胃部,前肠偶见,其余部位未发现。可见,不同种类内分泌细胞的数量分布存在一定的差异。

第四节　生殖习性

一、生殖季节与生殖力

野生中华乌塘鳢为雌雄异体(gonochorism),雌、雄个体的泄殖乳突有明显的区别,雌性为圆形,雄性为三角形,生殖期间泄殖乳突呈深红色。性成熟雌鱼外观腹部膨大,有明显的卵巢轮廓;性成熟雄鱼外观精巢轮廓不明显。中华乌塘鳢的性成熟年龄为1～2龄,雌鱼性成熟最小全长8.5 cm,体质量25 g。一般成熟雄鱼个体大于雌鱼。中华乌塘鳢生殖季节为每年的5—10月,生殖高峰期在不同海区有所差异,广西和广东沿海为每年的4—5月,福建沿海为每年的5—6月,浙江沿海为每年的6—7月,9—10月生殖群体少。其怀卵量随体长和体质量的增加而增加,个体绝对生殖力为8 400～33 270粒,个体相对生殖力F_L为567.6～1 833.2粒/cm,F_W为155.6～487.2粒/g。生殖力(R,千粒)与体长

(L, mm)、体质量(W,g)的回归方程为:$R=-18.828+2.433L$,$R=7.4696+0.1433W$(张健东 & 叶富良,2001;张健东 & 陈刚,2002b)。每克卵巢约有1 200粒卵子,成熟系数(GSI)为11.2%~31.8%。

二、生殖行为与性信息素

生殖季节,性成熟的中华乌塘鳢雌、雄鱼在洞穴内交配产卵,受精卵依靠黏着丝黏附于洞壁,胚胎发育在洞穴内进行。

研究表明,性成熟雌、雄个体之间可以分泌激素(性信息素)吸引对方,引起两性的交配产卵行为(赵卫红等,2004)。将性腺提取液吊挂在陶瓷人工产卵管道内的性行为实验表明,卵巢提取液对雄鱼的吸引作用大于雌鱼,而精巢和贮精囊提取液对雌鱼的吸引作用则大于雄鱼。卵巢提取液刺激雄鱼所引起的平均嗅电图(EOG)高于雌鱼,而精巢和贮精囊提取液刺激雌鱼所引起的平均EOG则高于雄鱼。以17α-羟基孕酮(17α-P)、$17\alpha,20\beta$-双羟孕酮($17\alpha,20\beta$-P)、前列腺素E_2(PGE_2)和前列腺素$F_{2\alpha}$($PGF_{2\alpha}$)刺激性成熟中华乌塘鳢雌鱼和雄鱼嗅上皮,所产生的平均EOG值,以PGE_2为最高(马细兰等,2003)。诱导中华乌塘鳢交配产卵实验的初步结果表明,$17\alpha,20\beta$-P和PGE_2可能是中华乌塘鳢的性信息素,两者均可以提高亲鱼产卵率、产卵量和受精率(图1-4)(洪万树等,2004;2006);性信息素诱发野生鱼的产卵效应优于养殖鱼。

中华乌塘鳢通过嗅觉器官中的嗅上皮感受到环境中的性信息素,信息经嗅神经传导至嗅球,引起神经生殖内分泌活动的变化,诱发产卵生殖行为。中华乌塘鳢的嗅觉器官为一对嗅囊,呈纺锤体形,位于头部两侧的鼻腔内,经前鼻孔和后鼻孔与外界相通。前鼻1对呈小管状突起并延伸至上颌前方边缘,后鼻为1对较宽的短管,后鼻孔呈椭圆形,位于眼球的侧前方。嗅上皮细胞分层明显,主要由纤毛非感觉细胞、纤毛感觉细胞、支持细胞和基细胞组成(马细兰等,2005)。

第五节　嗅觉系统结构

中华乌塘鳢通过嗅觉系统感受性信息素刺激。其嗅觉系统包括3个部分:

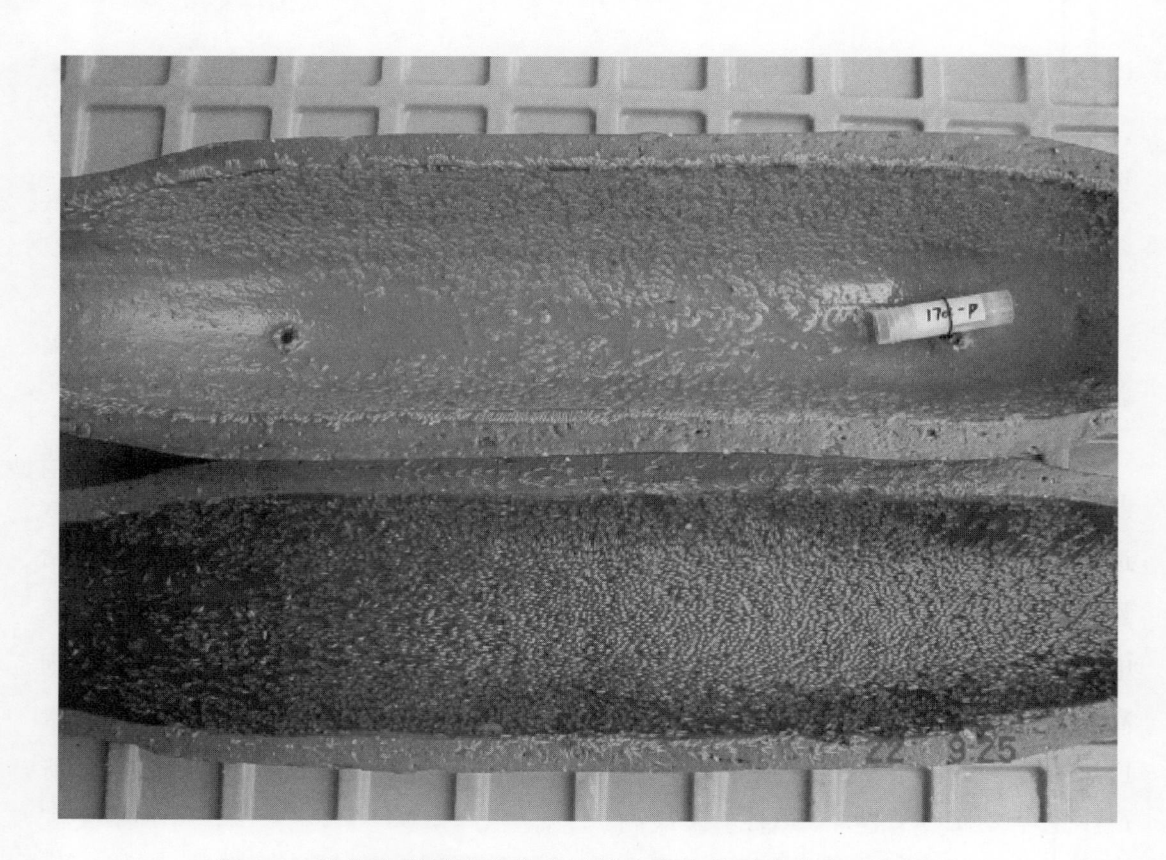

图 1-4　性信息素诱发中华乌塘鳢在陶瓷管道内产卵(附彩图)

受精卵黏附于陶瓷管道内表面,性信息素装入塑料管中,吊挂在陶瓷管道上半部的内表面,塑料管口用棉花塞住,性信息素以渗透的方式进入水体中

嗅囊(OS)、嗅神经(ON)和嗅球(OB)[图 1-5(1)]。嗅囊也称为外部嗅觉器官,呈纺锤形,位于嗅窝内。每个嗅囊由 10～16 个初级嗅板(POL)组成,嗅板向嗅囊腔内突起的高度不一,较大的初级嗅板上有次级嗅板(SOL)[图 1-5(2)]。

两侧嗅囊中的嗅觉感觉神经元轴突汇聚形成 1 对嗅神经,在全长 17 cm 的中华乌塘鳢中,嗅神经可以超过 1 cm,从嗅囊的腹后侧发出到达嗅球。中华乌塘鳢的嗅球呈长卵圆形,与端脑联结,为无柄嗅球。从表层到深层,嗅球可分为 3 层(图 1-6):①嗅神经层(ONL),含嗅觉感觉神经元的轴突;②嗅小球和僧帽细胞层(G&ML),嗅觉感觉神经元的轴突和次级神经元(僧帽细胞)的树突之间的突触形成嗅小球,僧帽细胞体散布于嗅小球的周围;③颗粒细胞层(GL),密布着小的颗粒细胞。在嗅觉系统中,嗅神经束中的传入神经元到达嗅球的前部,然后

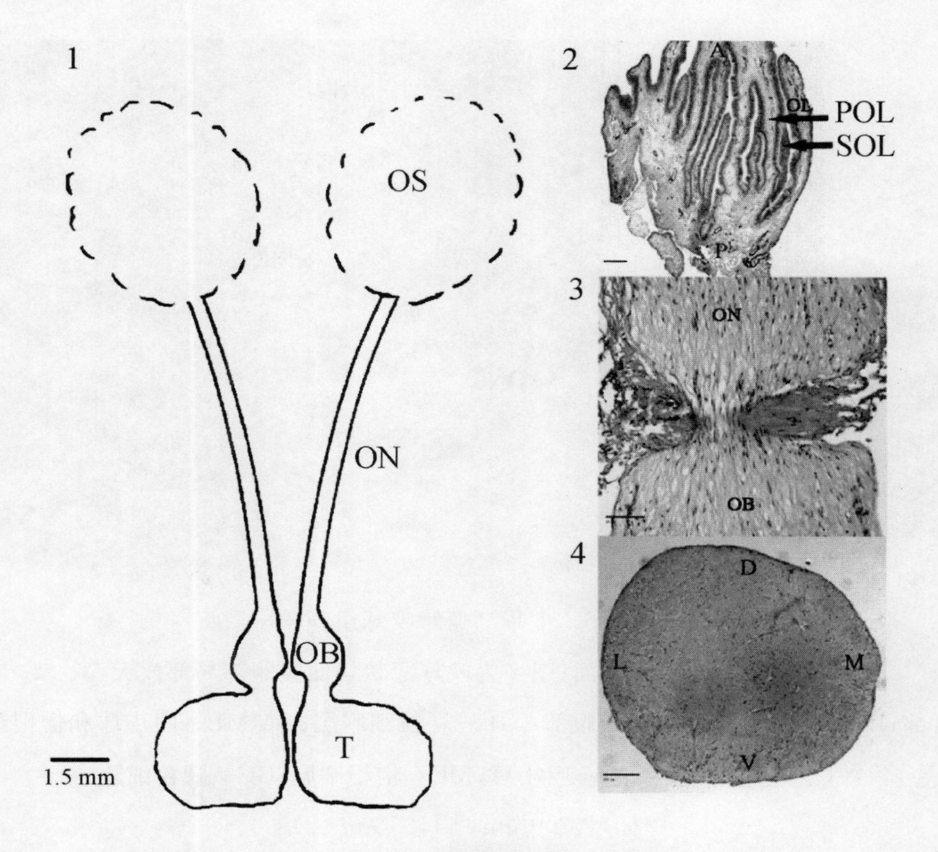

图 1-5　中华乌塘鳢嗅觉系统结构

图 1 为嗅觉系统背面观；图 2 为嗅囊水平切面；

图 3 为嗅神经和嗅球联结处水平切面；图 4 为嗅球冠状切面

OS—嗅囊；ON—嗅神经；OB—嗅球；T—端脑；A—嗅囊前部；P—嗅囊后部

OL—嗅板；POL—初级嗅板；SOL—次级嗅板；D—嗅球背部；L—嗅球侧部

M—嗅球中部；V—嗅球腹部

标尺：1.5 mm (1)，200 μm (2,4)，50 μm (3)

进入嗅球表层，终止于嗅小球和僧帽细胞层，与僧帽细胞的树突形成突触。嗅神经层在嗅球的腹侧部较厚，在背中部较薄。嗅小球和僧帽细胞层在嗅球的中部较薄，在侧部较厚[图 1-6(1)](马细兰等，2005；赖晓键等，2011)。

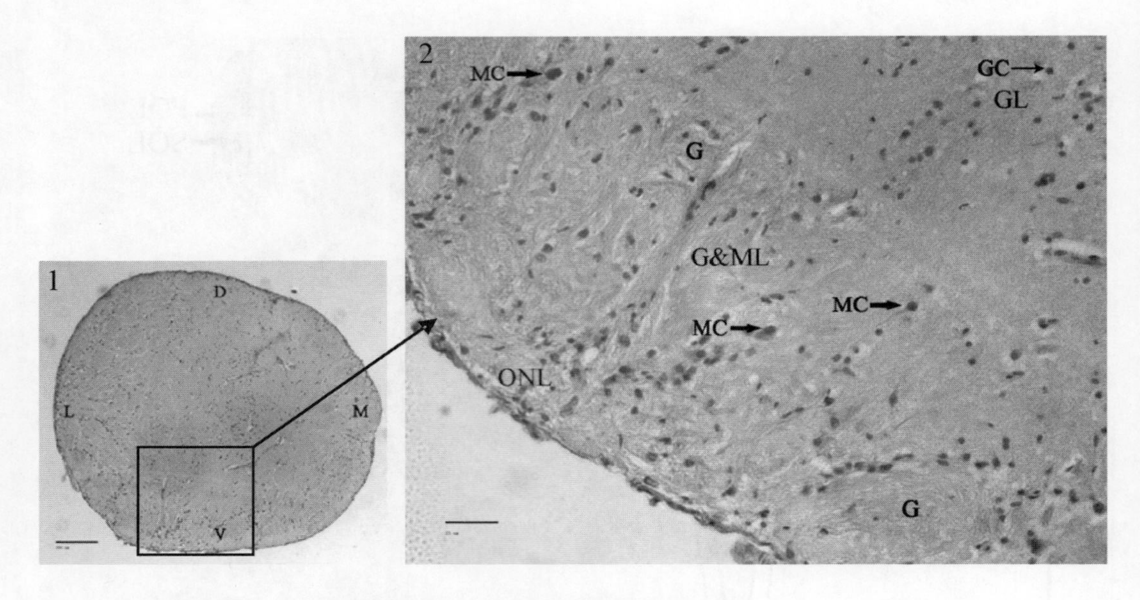

图 1-6　中华乌塘鳢嗅球组织学

图 1 为嗅球冠状切面；图 2 为嗅球冠状切面腹侧部局部放大

D—背部；L—侧部；M—中部；V—腹部；GL—颗粒细胞层；G&ML—嗅小球和僧帽细胞层

ONL—嗅神经层；G—嗅小球；MC—僧帽细胞；GC—颗粒细胞

标尺：200 μm (1)，25 μm (2)

第六节　性腺的形成和分化

在(28±0.5) ℃的培养水温下，中华乌塘鳢孵化后第 1 天的仔鱼，前肾和消化道已经形成，在消化道中肠靠近前肾管的腹膜上皮上，可见到单个原始生殖细胞(PGC)。PGC 呈圆形或椭圆形，胞体较其周围的体细胞大，胞径均值为 6.42 μm×5.93 μm；核大，核径均值为 3.87 μm×3.11 μm，着色浅，核膜清晰可见，核仁 1 个[图 1-7(1)]。

5 日龄仔鱼，PGCs 仍然位于两侧前肾管下的腹膜上皮上，有向前肾管两侧迁移的趋势。其胞径均值为 7.52 μm×6.15 μm，核径均值为 5.60 μm×3.90 μm，核仁 1～2 个。PGCs 增殖，数目为 2 个或以上[图 1-7(2)]。

20 日龄稚鱼，在前肾管下方和肠管之间的体腔膜基部左右各有一团细胞团向腹腔突出，此即为最初形成的生殖嵴。此时的生殖嵴仅由体积较小的体细胞组成，其中没有 PGCs，也没有膜包围[图 1-7(3)]。

25 日龄稚鱼，生殖嵴内有单个 PGC 出现，形成原始生殖腺。PGC 胞径均值为 10.33 μm×11.41 μm，核径均值为 6.96 μm×5.29 μm。原始性腺内由于 PGCs 和支持细胞的增殖而体积增大，PGCs 体积变大，核大，着色深，从形态上无法判断是卵原细胞还是精原细胞[图 1-7(4)]。

35 日龄幼鱼，性腺在组织学上出现了 3 种类型，第 1 种是原始性腺中央或者侧面出现腔隙，PGCs 位于腔隙的一侧或者周围[图 1-7(5)]；第 2 种是原始性腺细胞排列紧密，PGCs 均匀分布在整个原始性腺中[图 1-7(6)]；第 3 种是原始性腺靠近系膜处有较明显的腔隙，PGCs 位于腔隙的上方[图 1-7(7)]。

40 日龄幼鱼，性腺结构与 35 日龄幼鱼结构基本相似，也具有上述 3 种类型。无腔隙的性腺形状多样，出现三角形和长条形，可见毛细血管腔[图 1-7(8)]。

具有中间和侧面腔隙的性腺，其腔隙进一步增大，少数发育较快的性腺，在其外侧面形成组织突[图 1-8(1)]，生殖细胞数量增多。

50 日龄幼鱼，性腺外侧上下各形成一个组织突，两个突起向上向下延伸，在侧面融合形成卵巢腔[图 1-8(2)和(3)]，并且在卵巢腔内有成簇发育的卵原细胞群。卵巢腔的形成和早期形成成簇发育的卵原细胞群是卵巢分化的主要特征。因此，卵巢腔的形成以及其中的卵原细胞的出现，是判断中华乌塘鳢性腺开始分化的依据，标志着性腺形态学分化的开始，同时也是卵巢发育的开始。

55 日龄幼鱼，卵巢中部分卵原细胞停止增殖，进入生长期，形成早期初级卵母细胞，原生质增多，核着色浅，核膜明显，核仁增多到6～12 个。此时的卵巢处于发育的第Ⅱ期[图 1-8(4)]。

80 日龄幼鱼，出现精巢组织和精原细胞[图 1-8(5)]。

95 日龄幼鱼，精巢中出现多个精原细胞，支持细胞包围精原细胞形成精小囊，输出管位于精巢靠近肠系膜一侧[图 1-8(6)]，标志着精巢发育的开始。

4 月龄幼鱼，精小囊内出现初级精母细胞，包绕着精小囊的小叶间质变得清晰[图 1-8(7)]。贮精囊由 5～7 个小室腔组成，小室腔之间是结缔组织隔膜。小室腔里面充满着分泌物，未出现成熟的精子[图 1-8(8)]。

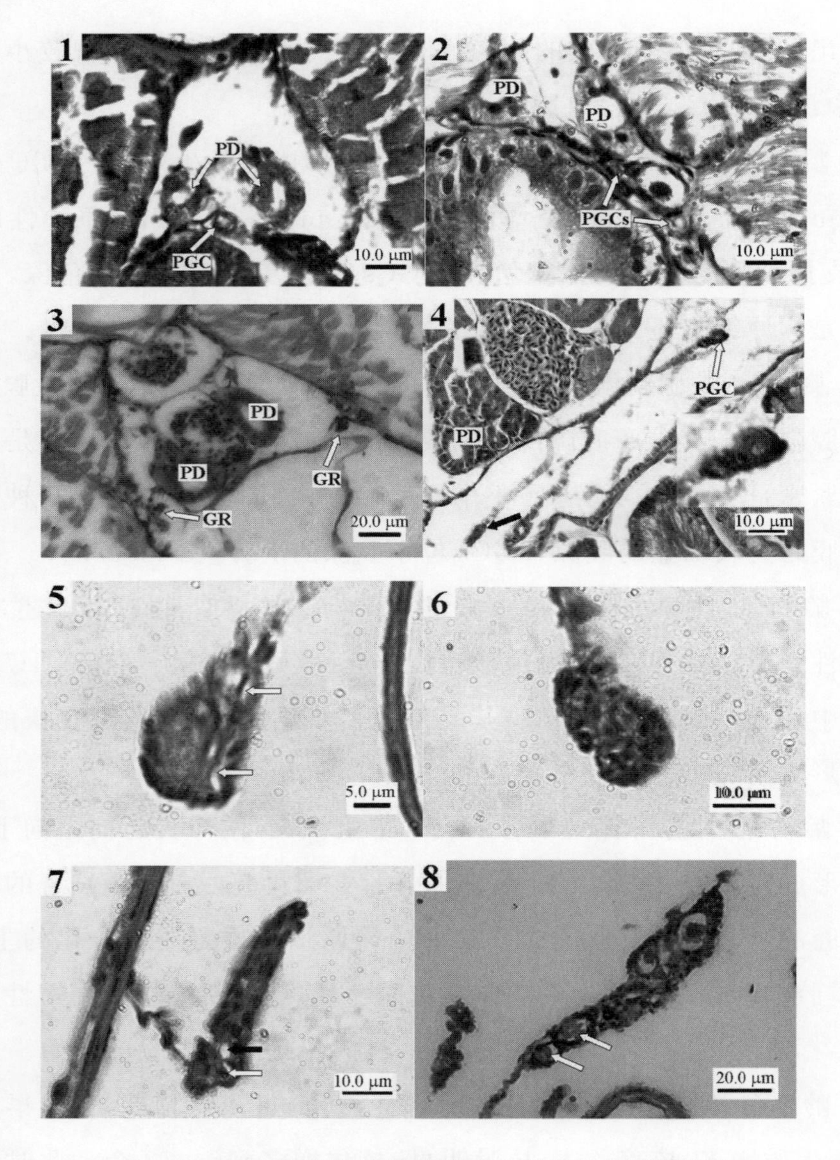

图 1-7　中华乌塘鳢性腺的形成和分化(1)(附彩图)

图 1 为 1 日龄仔鱼中肠横切面，箭头示单个 PGC 和前肾管(PD)；图 2 为 5 日龄仔鱼中肠横切面，箭头示 PGCs 向 PD 两侧迁移；图 3 为 20 日龄稚鱼生殖嵴(GR)横切面，箭头示 PD 下方的体腔膜基部形成 GR；图 4 为 25 日龄稚鱼性腺，空心箭头示 GR 内产生一个 PGC，实心箭头示一侧 GR 内还未产生 PGC；图 5 为 35 日龄幼鱼性腺，示具有腔隙的性腺，腔隙将增大，箭头示腔隙；图 6 为 35 日龄幼鱼性腺，示无腔隙的性腺；图 7 为 35 日龄幼鱼性腺，示性腺内靠近系膜处的腔隙，实心箭头示腔隙，空心箭头示毛细血管腔；图 8 为 40 日龄幼鱼性腺，箭头示性腺内靠近系膜处的毛细血管

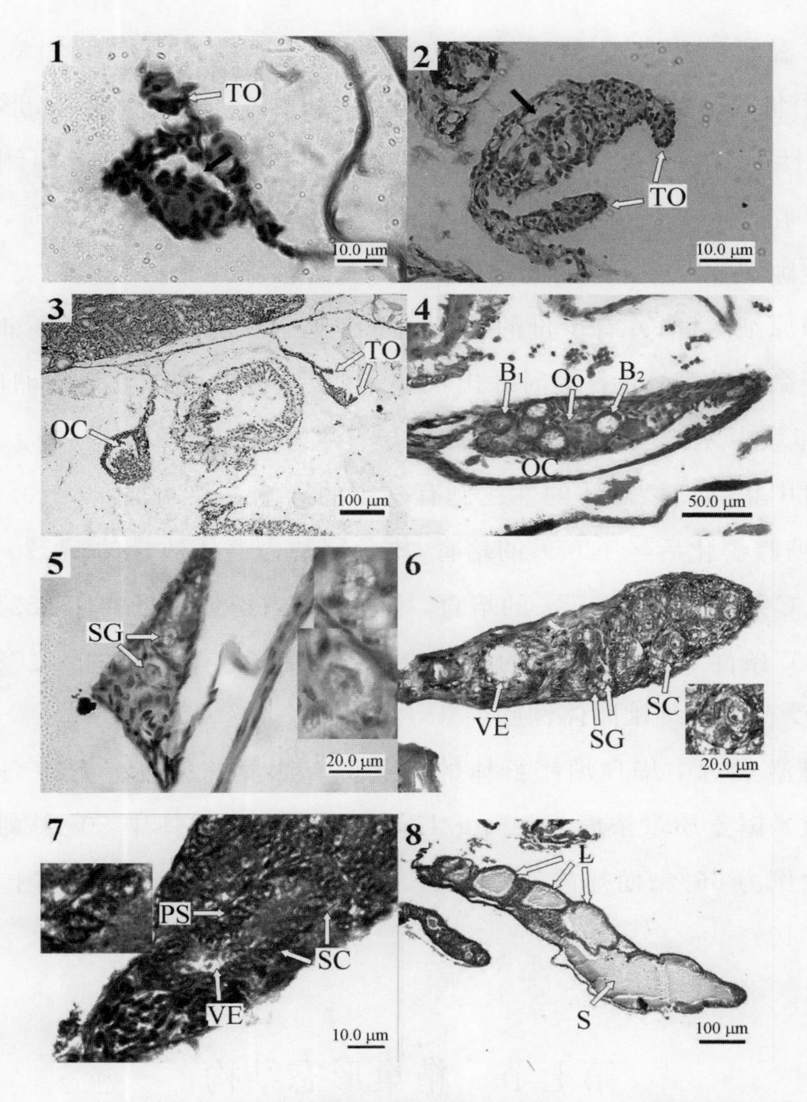

图 1-8　中华乌塘鳢性腺的形成和分化(2)(附彩图)

图 1 为 40 日龄幼鱼卵巢，示增大的腔隙和性腺外侧形成的组织突(TO)，实心箭头示腔隙；图 2 为 50 日龄幼鱼卵巢，空心箭头示性腺外侧上下形成的 TO，实心箭头示腔隙；图 3 为 50 日龄幼鱼卵巢，示一侧性腺的 TO 融合形成卵巢腔(OC)，另一侧性腺外侧的 TO 仍在向上向下延伸；图 4 为 55 日龄幼鱼卵巢，示卵原细胞(Oo)、初级卵母细胞(B_1，第Ⅱ时相早期；B_2，第Ⅱ时相中期)和 OC；图 5 为 80 日龄幼鱼精巢，示精原细胞(SG)，右侧为 SG 的局部放大图；图 6 为 95 日龄幼鱼精巢，示输出管(VE)、精小囊(SC)和 SC 内的 SG，右下方为 SC 的局部放大图；图 7 为 4 月龄幼鱼精巢，示 VE,SC 和 SC 内的初级精母细胞(PS)，左侧为 PS 的局部放大图；图 8 为 4 月龄幼鱼贮精囊，示贮精囊的小室(L)和小室内的分泌物(S)

不同水温影响中华乌塘鳢性腺分化和发育速度。水温(28±0.5) ℃时，20 日龄的中华乌塘鳢生殖嵴已形成，并有少量 PGCs 迁入生殖嵴，形成原始性腺；35 日龄性腺出现腔隙；40 日龄性腺外侧出现组织突；50 日龄两侧组织突融合形成卵巢腔，腔内有成簇发育的卵原细胞群。水温(31±0.5) ℃时，25 日龄性腺就出现腔隙；30 日龄性腺的腔隙增大；40 日龄性腺外侧出现组织突，腔内有成簇发育的卵原细胞群，并有少量的初级卵母细胞。水温(24±0.5) ℃时，40 日龄性腺才出现微小腔隙；60 日龄时才出现卵巢腔，腔内有成簇发育的卵原细胞群；80 日龄时卵巢中才出现初级卵母细胞。

水温对中华乌塘鳢群体的性比例有一定的影响。在水温(28±0.5) ℃条件下，中华乌塘鳢孵化后经 120 天的培育，雄鱼尾数占群体数量的 51.70%；在水温(31±0.5) ℃条件下，经 130 天的培育，雄鱼尾数占群体数量的 45.52%；在水温(24±0.5) ℃条件下，经 160 天的培育，雄鱼尾数占群体数量的 48.78%。在所有样品中，没有发现雌雄同体性腺。

环境雌激素对中华乌塘鳢群体的性比例有明显的影响。将30 日龄的中华乌塘鳢幼鱼暴露于质量浓度为 10 μg/L 雌二醇(E_2)的水体中 50 天，雌鱼占群体总尾数的比例为 66%；而暴露 100 天后，雌鱼占群体总尾数的比例上升到 89%(左明杰，2010)。

第七节　精巢形态结构

中华乌塘鳢精巢呈线条状，位于消化道的背方、鳔的腹面，左右各 1 条，以系膜与鳔相黏连。精巢长 2.5～5.0 cm，最宽处直径 0.05～0.30 cm。每条精巢分为两部分，前段为生精部，后段为贮精囊(图 1-9)。精巢为小叶形结构，贮精囊为网状管腔结构。精巢的纵、横切面上可见许多精小叶紧密排列，间质组织将精小叶隔开且能分泌雄激素(江寰新等，2004)。

精小叶呈盲管状，外被基膜，内壁由精小囊中的各期生精细胞和支持细胞组成，支持细胞包绕着精细胞形成精小囊。精小叶中的管腔为小叶腔，腔内侧有小叶边界细胞，也能分泌雄激素。精小囊呈长椭圆形，平均大小为 23 mm×16 mm，为精小叶内的基本结构单位。在生殖季节，不同精小囊内有不同发育期的精细胞。

输出管位于精巢凹沟一侧，与动、静脉血管并行，位于血管的内侧，管径约为 26.32 μm×15.98 μm，管壁由单层上皮细胞组成，其形态随季节变化而呈扁平、立方、低柱状等。小叶腔的开口与输出管相连通，精子经此通道进入输出管，再由输出管经贮精囊进入输精管。

贮精囊是一对精巢的附属腺体，分为左、右两叶，每叶分为近端和远端，近端内侧为输精管，左、右输精管与膀胱会合后形成尿殖管，开口于尿殖乳突（图 1-9）。贮精囊呈片状结构，无色半透明，左、右两叶贮精囊表面布满血管。生殖期间，左叶贮精囊长5.0～12.0 mm，宽 4.0～7.0 mm，右叶贮精囊长 4.0～13.0 mm，宽 5.0～9.5 mm。贮精囊和精巢的形态随季节变化，生殖季节贮精囊和精巢体积增大，排精后逐渐退化萎缩。成熟系数(GSI)的季节变化与贮精囊体质量指数(SVSI)的季节变化相一致，从恢复期到生殖期逐渐增大，排精后变小。结缔组织隔膜将贮精囊分隔成许多小室腔（张其永等，2004）（图 1-10），精子从精

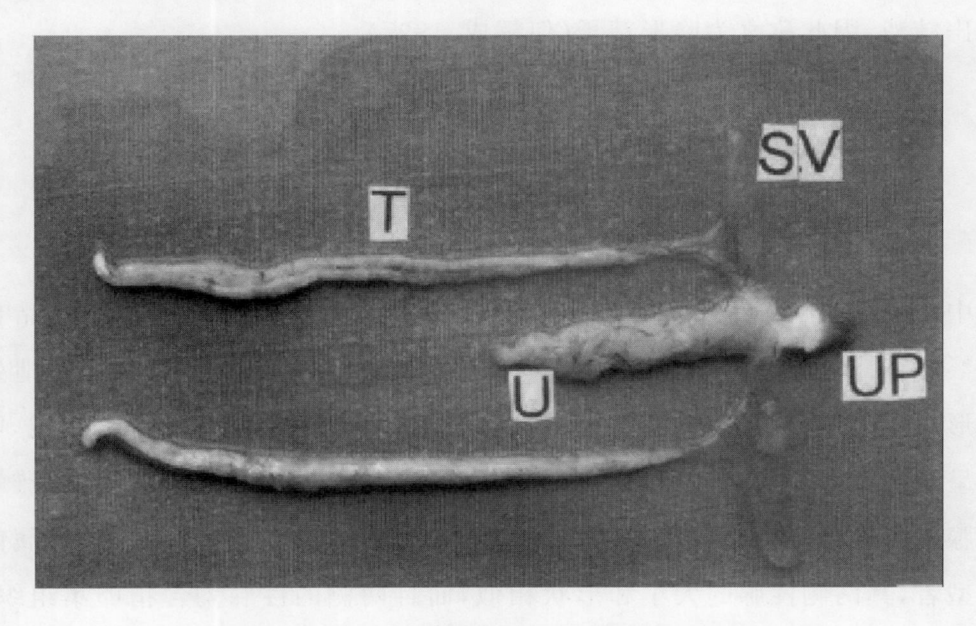

图 1-9　中华乌塘鳢精巢和贮精囊外观（附彩图）

T—精巢；SV—贮精囊；U—膀胱；UP—尿殖乳突

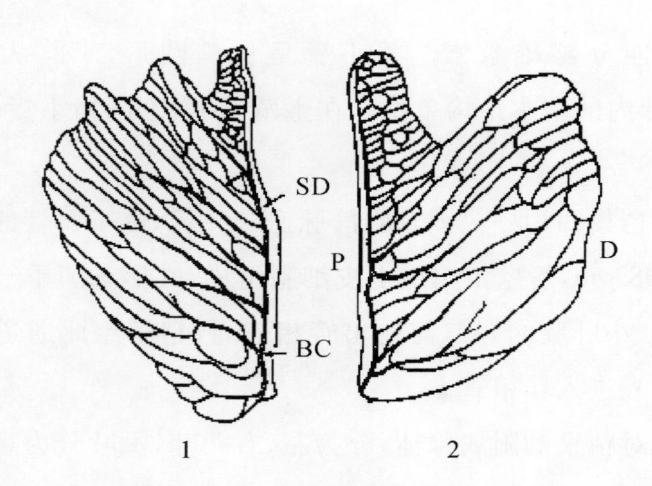

图 1-10　中华乌塘鳢贮精囊

图 1 为右叶；图 2 为左叶

P—近端；D—远端；SD—输精管；BC—毛细血管

巢经输出管进入贮精囊的小室腔内。生殖季节，小室腔内储存有成熟精子和贮精囊液，贮精囊液能为精子提供营养，并对精子具有保护作用，能增强精子成活率和延长精子寿命，并能提高成熟卵的受精率。中华乌塘鳢雄鱼精液量很少，难以挤出精液，因此称之为隐形精子(何辉成，1997)。

第八节　雌雄同体性腺

中华乌塘鳢养殖群体中存在雌雄同体现象，雌雄同体鱼占采集样品数的 10.0%～15.4%(平均为 12.4%)，其泄殖乳突略呈三角形，与正常雄鱼泄殖乳突的形态相似。雌雄同体性腺由卵巢组织、精巢组织和贮精囊 3 部分组成，卵巢组织呈淡黄色，而且卵粒明显；精巢组织呈透明状。依据外部形态结构，雌雄同体性腺可以分为两种类型，一种为对称型，另一种为非对称型(图 1-11)。属前一种类型者，其两侧性腺的大小和形状相似，而且两侧的性腺均含精卵巢组织，可分为精卵巢型的雌雄同体性腺(精巢部分大于卵巢部分)[图 1-11(1)]和卵精巢型的雌雄同体性腺(卵巢部分大于精巢部分)[图 1-11(2)]；属后一种类型者，其

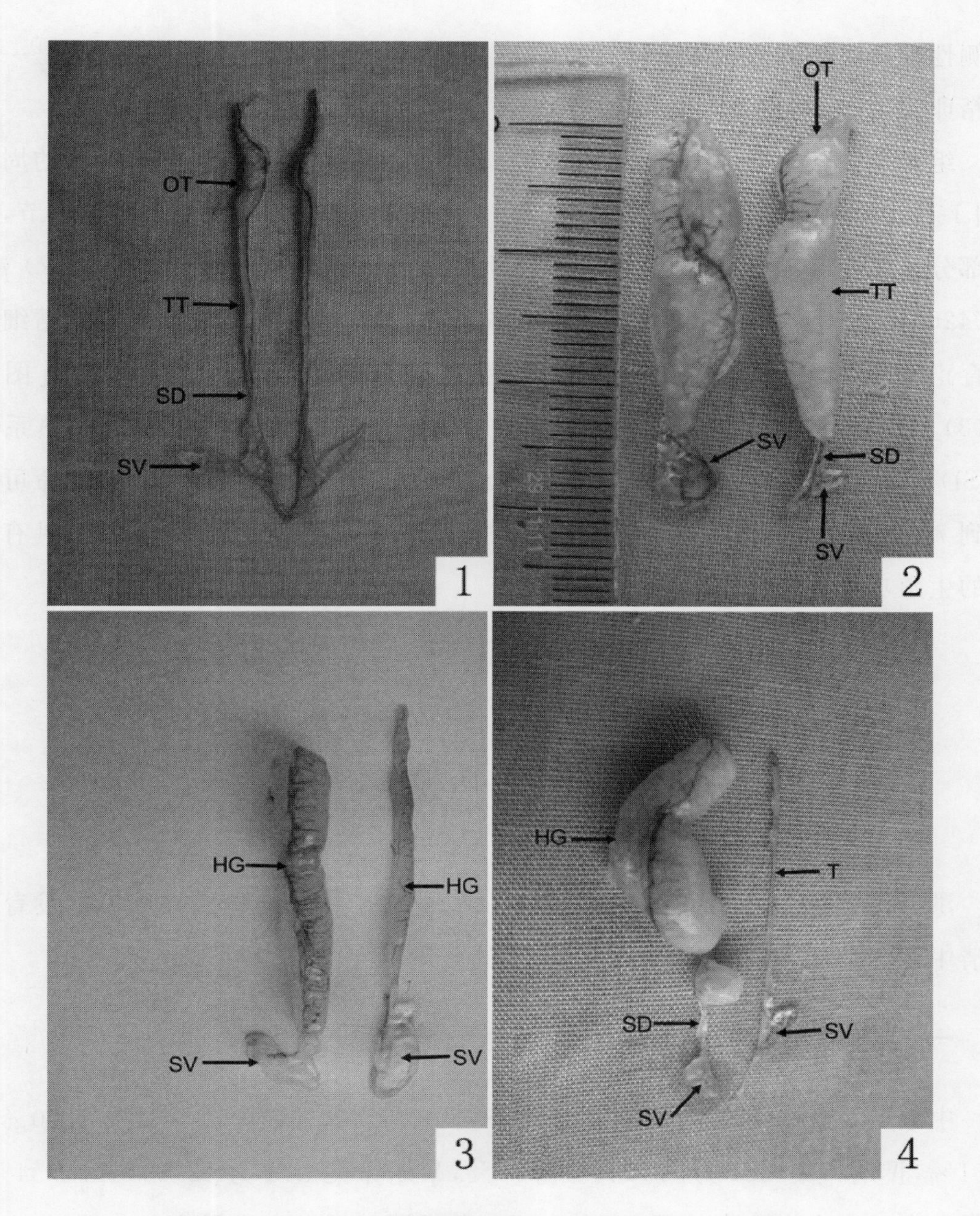

图 1-11　中华乌塘鳢雌雄同体性腺外观(附彩图)

图 1 为对称的雌雄同体性腺，精巢组织大于卵巢组织；图 2 为对称的雌雄同体性腺，卵巢组织大于组织精巢；图 3 为不对称的雌雄同体性腺，两侧性腺均为雌雄同体；图 4 为不对称的雌雄同体性腺，左侧性腺为雌雄同体，右侧是精巢

OT—卵巢部分；TT—精巢部分；SD—输精管；SV—贮精囊；

T—精巢；HG—雌雄同体性腺

两侧性腺的大小和形状不一样，两侧的性腺或均是精卵巢[图 1-1(3)]，或是一侧为精卵巢，另一侧是完全的精巢[图 1-1(4)](Hong *et al.*，2006)。

组织学观察表明，卵巢组织通常位于性腺的中间，精巢组织位于性腺的周边[图 1-12(1)和(2)]，但也有卵巢组织和精巢组织相互嵌合的情况。生殖季节，卵巢部分未发现有成熟的卵子，发育最晚期的卵母细胞直径从(170.5±30.2) μm到(426.0±65.7) μm，有些卵母细胞已退化[图 1-12(2)]；而精巢组织中精细胞发育正常，不同精小囊内可见到精原细胞、精母细胞、精子细胞和成熟精子[图 1-12(3)]，贮精囊内也能见到精子[图 1-12(4)]。雌雄同体鱼的性腺成熟系数(GSI)为 0.10%～4.48%。雌雄同体鱼精子的成活率为 80%～85%，寿命可以达到 75～80 min。雌雄同体鱼的精子可以和正常成熟雌鱼的卵子受精，具有雄性的生殖功能。

第九节　类固醇性激素含量与性腺发育的关系及其季节变化

洪万树等(2009)采用放射免疫法(RIA)测定了中华乌塘鳢性腺不同发育期血清中雌二醇(E_2)、孕酮(P)和睾酮(T)的含量，并分析了其季节变化。

一、卵巢发育过程中类固醇性激素含量的变化

中华乌塘鳢雌鱼Ⅱ期卵巢 GSI 为 0.78%±0.17%，Ⅲ期卵巢 GSI 为 1.60%±0.51%，Ⅳ期卵巢 GSI 为 7.02%±1.13%，Ⅴ期卵巢 GSI 为 12.80%±1.54%。卵巢发育过程中血清中的 E_2，P 和 T 这3 种类固醇性激素含量变化如图 1-13 所示。雌鱼Ⅱ期卵巢血清中的 E_2 含量最低[(125.41±14.48) pg/mL]；Ⅲ期卵巢的 E_2 含量略有上升[(164.25±13.76) pg/mL]；Ⅳ期卵巢血清中的 E_2 含量上升极显著($p<0.01$)，上升至(1 836.33±495.52) pg/mL，达到最高峰；Ⅴ期卵巢血清中的 E_2 含量下降极显著($p<0.01$)，下降至(467.33±66.07) pg/mL。雌鱼血清中的 P 含量随卵巢发育而上升，Ⅴ期卵巢血清中的 P 含量达到最大值

[(790.00±241.38) pg/mL]。雌鱼血清中的 T 含量的变化趋势与 P 含量的变化相似，随着卵巢发育而增加，Ⅳ期卵巢血清中的 T 含量为(1 029.93±174.91) pg/mL；Ⅴ期卵巢血清中的 T 含量上升显著($p<0.05$)，上升至最高值[(2 177.68±877.59) pg/mL]。

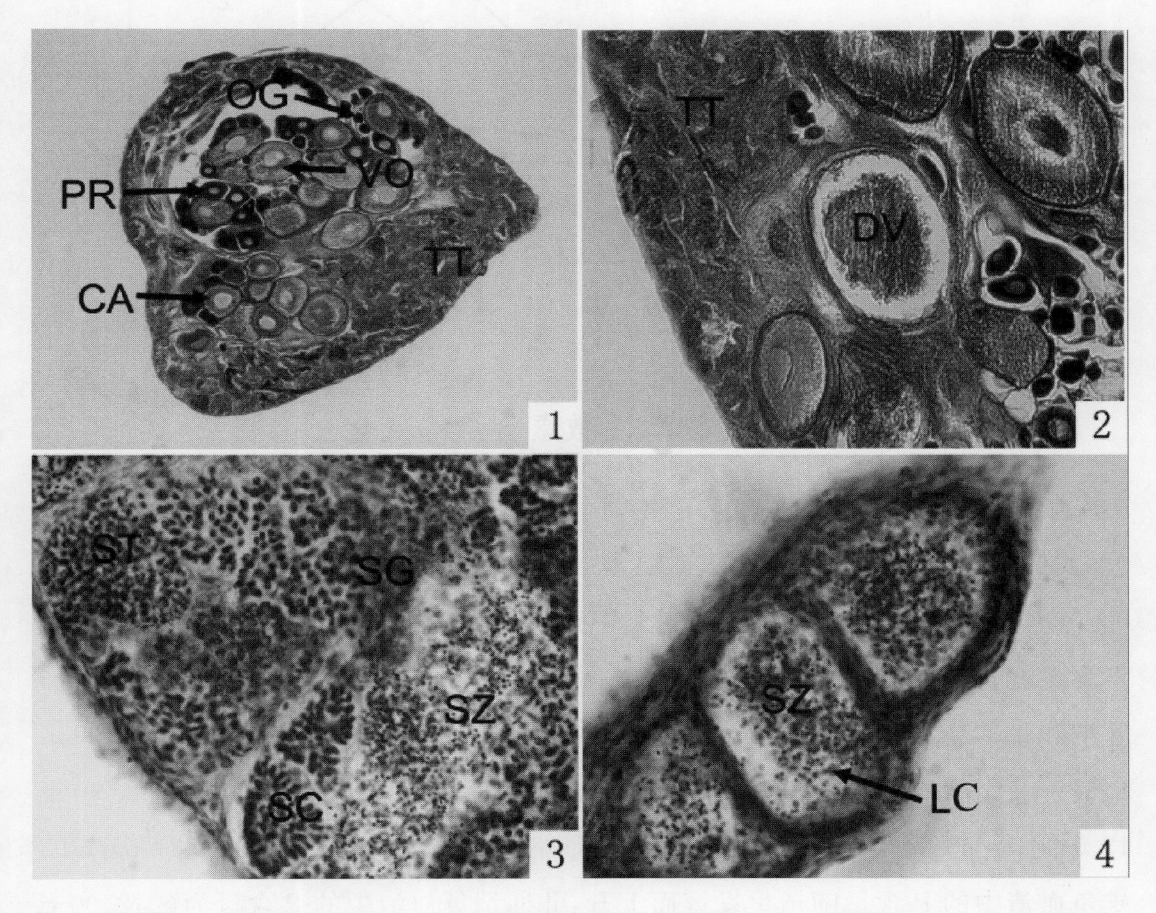

图 1-12　中华乌塘鳢雌雄同体性腺组织结构(附彩图)

图 1 为雌雄同体性腺横切(×33)，示卵巢组织位于性腺中间，精巢组织位于性腺周边；图 2 为雌雄同体性腺，示退化的卵母细胞(×330)；图 3 为精巢组织，示各发育阶段的精细胞(×330)；图 4 为贮精囊小腔，内含精子(×300)

OG—卵原细胞；PR—核前期卵母细胞；CA—皮质泡期卵母细胞；VO—卵黄期的卵母细胞

TT—精巢组织；DV—退化的卵黄期卵母细胞；SG—精原细胞；SC—精母细胞

ST—精子细胞；SZ—精子；LC—小腔

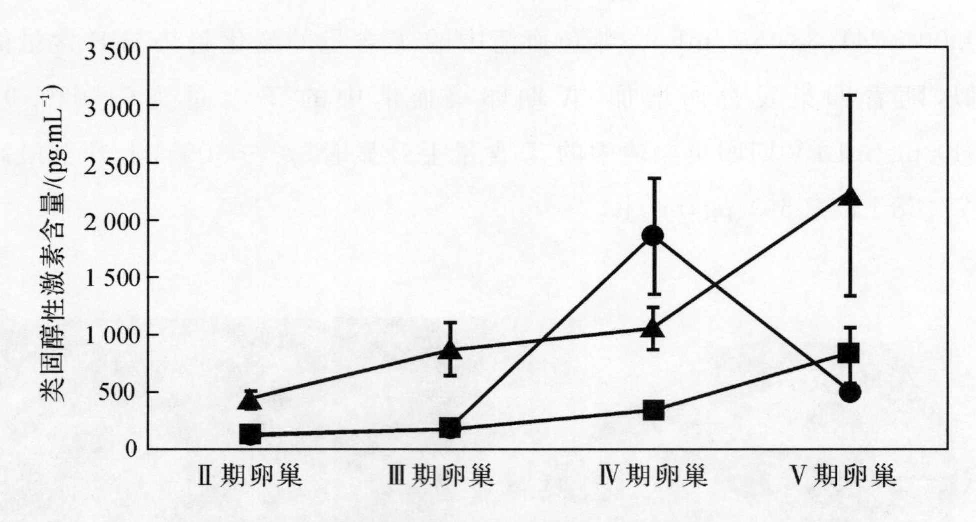

图 1-13　中华乌塘鳢卵巢发育过程中类固醇性激素含量的变化

●雌二醇 ■孕酮 ▲睾酮

二、精巢发育过程中类固醇性激素含量的变化

中华乌塘鳢雄鱼Ⅱ期精巢 GSI 为 0.024%±0.008 9%，Ⅲ期精巢 GSI 为 0.036%±0.008 9%，Ⅳ期精巢 GSI 为 0.132%±0.016 4%，Ⅴ期精巢 GSI 为 0.202%±0.039 6%。精巢发育过程中血清中的 E_2，P 和 T 这 3 种性类固醇激素含量变化如图 1-14 所示。雄鱼精巢发育过程中血清中的 E_2 含量都比较低，Ⅱ期和Ⅲ期精巢血清中的 E_2 含量分别为(15.11±1.48) pg/mL 和(16.99±1.61) pg/mL；Ⅳ期精巢 E_2 含量上升极显著($p<0.01$)，上升至(38.90±12.16) pg/mL；Ⅴ期精巢血清中的 E_2 含量略下降，下降至(31.60±9.53) pg/mL。雄鱼血清中的 P 含量随精巢发育而上升，Ⅱ期精巢血清中的 P 含量为(242.00±152.14) pg/mL；Ⅴ期精巢血清中的 P 含量达到最高值[(514.25±152.14) pg/mL]。雄鱼血清中的 T 含量都比较高，而且随着精巢的发育而上升，Ⅴ期精巢血清中的 T 含量达到最高值[(1 697.43±445.41) pg/mL](洪万树等，2009)。

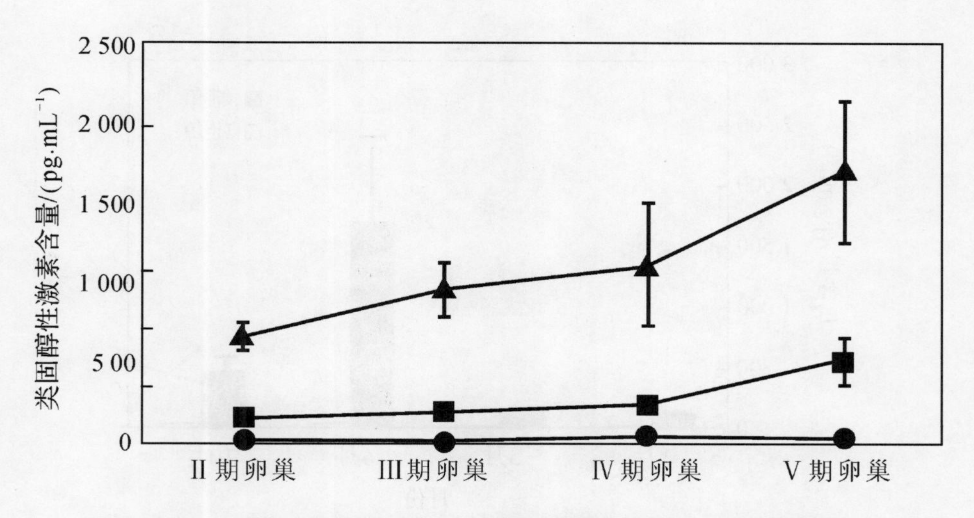

图 1-14　中华乌塘鳢精巢发育过程中类固醇性激素含量的变化

●雌二醇　■孕酮　▲睾酮

三、血清中类固醇性激素含量的季节变化

(一)雌二醇(E_2)

中华乌塘鳢雌鱼血清中的 E_2 含量，1 月和 3 月分别为(142.1±15.4) pg/mL 和(157.1±13.9) pg/mL，6 月的含量最高[(1 703.0±689.8) pg/mL]，10 月的含量次之 [(464.0±129.3) pg/mL]。中华乌塘鳢雄鱼血清中的 E_2 含量的变化趋势与雌鱼相似，1 月和 3 月分别为(15.1±1.5) pg/mL 和(16.4±1.8) pg/mL，6 月的含量最高[(42.6±18.4) pg/mL]，10 月的含量次之[(32.3±11.6) pg/mL]。在相应的性腺发育期，中华乌塘鳢雌鱼血清中的 E_2 的含量均极显著地高于($p<0.01$)雄鱼(图 1-15)(洪万树等，2009)。

(二)孕酮(P)

中华乌塘鳢雌鱼和雄鱼血清中的 P 含量，1 月和 3 月没有显著差异($p>0.05$)，变化范围(146.7±11.5)～(180.0±28.3)pg/mL，6 月两者 P 的含量分别达到最高值，雌鱼为(780.0±294.6) pg/mL，雄鱼为(533.3±180.4) pg/mL。10 月，雌鱼和雄鱼血清中的 P 含量下降均极显著($p<0.01$)，分别下降至(295.0±44.4) pg/mL 和(256.7±50.3) pg/mL(图 1-16)。

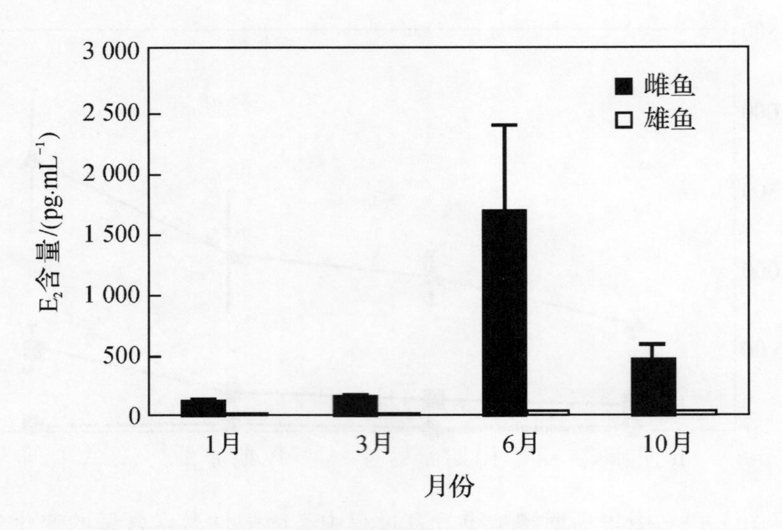

图 1-15　中华乌塘鳢血清中 E_2 含量的季节变化

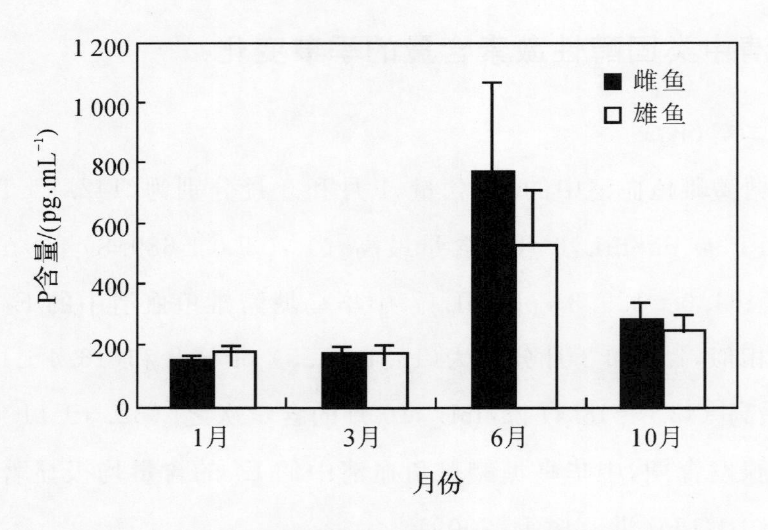

图 1-16　中华乌塘鳢血清中 P 含量的季节变化

（三）睾酮（T）

中华乌塘鳢雌鱼和雄鱼血清中的 T 含量的变化趋势相似，1 月含量最低，3 月含量上升，6 月含量显著上升（$p<0.05$）至最高值，雌鱼和雄鱼血清中的 T 含量分别达到（2 177.7±877.6）pg/mL 和（1 600.5±491.1）pg/mL。10 月，雌鱼和雄鱼血清中的 T 含量下降均显著（$p<0.05$），分别下降至（1 069.7±

190.8) pg/mL和(1 056.9±456.6) pg/mL。1月和3月，雄鱼血清中的T含量高于雌鱼；6月，雌鱼血清中的T含量高于雄鱼；10月，雌鱼和雄鱼血清中的T含量相似(图1-17)(洪万树等，2009)。

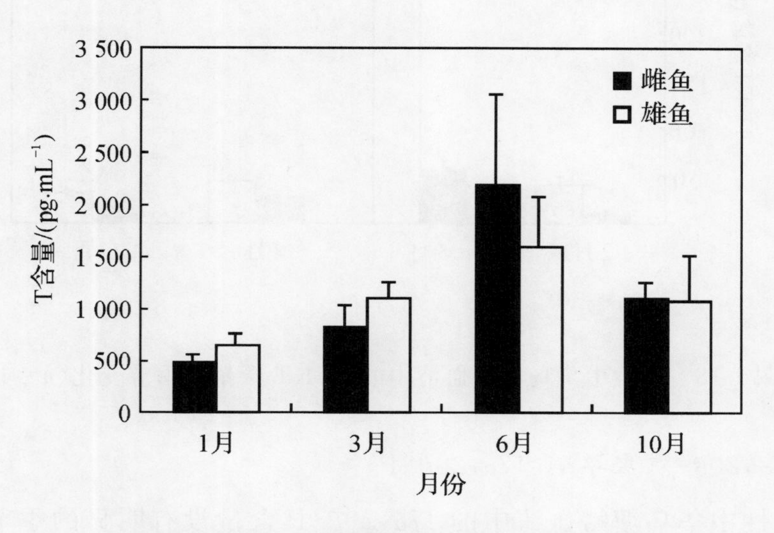

图1-17　中华乌塘鳢血清中T含量的季节变化

中华乌塘鳢野生群体和养殖群体血清中的E_2，P和T含量存在差异。野生雄鱼血清中的E_2，P和T含量极显著高于养殖雄鱼($p<0.01$)，而野生雌鱼和养殖雌鱼血清中的E_2，P和T的含量差异均不显著($p>0.05$)(赵卫红等，2005)。

(四)11-酮基睾酮(11-KT)

野生雌性中华乌塘鳢血清中11-KT含量，2月为(10.49±2.87) pg/mL，5月的含量上升显著，上升至(55.99±8.8) pg/mL($p<0.01$)，8月的含量下降显著，下降至(27.65±1.47) pg/mL($p<0.01$)，11月的含量最低[(9.18±2.39) pg/mL]。野生雄性与野生雌性中华乌塘鳢血清中的11-KT含量的变化趋势相似，2月为(40.37±8.44) pg/mL，5月的含量上升显著($p<0.01$)，上升至(318.89±15.02) pg/mL，8月的含量下降显著($p<0.01$)，下降至(44.12±2.01) pg/mL，11月的含量下降显著($p<0.05$)，下降至(31.41±2.87) pg/mL。在相同月份中，雄性中华乌塘鳢血清中的11-KT含量均显著高于雌性($p<0.01$)(李志杰，2010)(图1-18)。

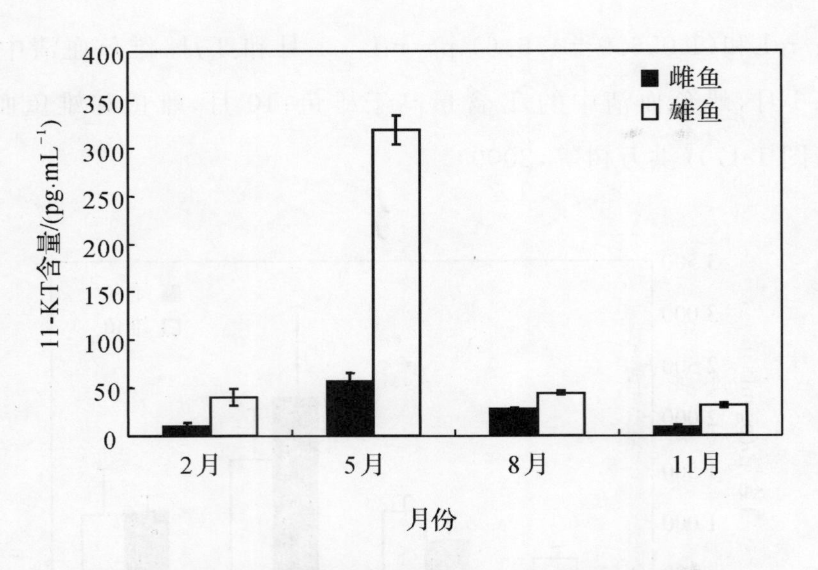

图 1-18 野生中华乌塘鳢血清中的 11-KT 含量的季节变化(n=6)

(五) $17\alpha,20\beta$-双羟孕酮($17\alpha,20\beta$-P)

野生雌性中华乌塘鳢血清中的 $17\alpha,20\beta$-P 含量没有明显的季节变化规律。在 8 月，雌鱼血清中的 $17\alpha,20\beta$-P 含量显著高于雄鱼，而在其他月份，雌鱼和雄鱼血清中的 $17\alpha,20\beta$-P 含量几乎没有差异性(李志杰，2010)(图 1-19)。

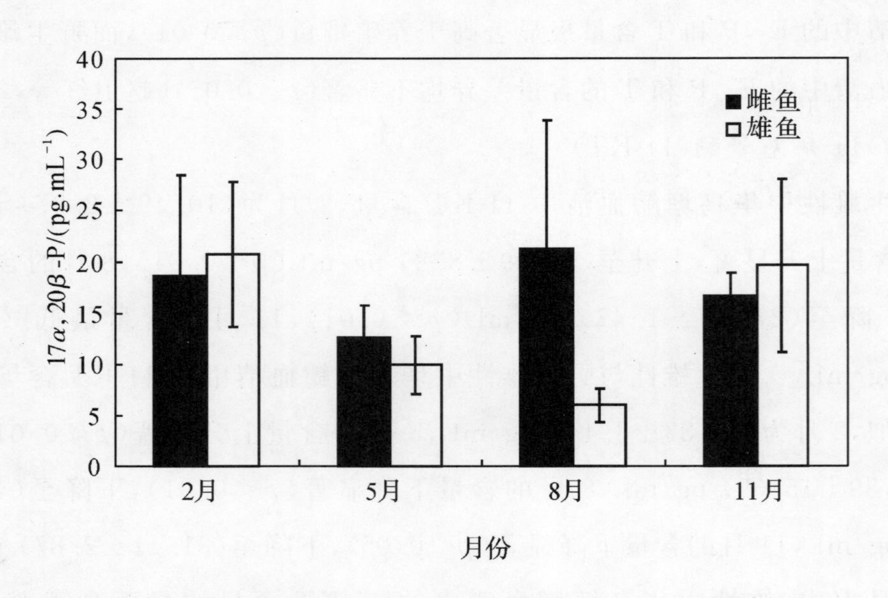

图 1-19 野生中华乌塘鳢血清中的 $17\alpha,20\beta$-P 含量的季节变化(n=6)

第十节　脑垂体组织学和免疫组织化学

一、脑垂体的形态

中华乌塘鳢脑垂体为扁平形，位于间脑腹面、视交叉后方、血管囊之前，通过垂体柄与下丘脑相连。脑垂体由神经垂体和腺垂体两部分组成。腺垂体又可分为 3 部分，按国际统一命名法，分别为前外侧部(RPD，以前称为前叶)、中外侧部(PPD，以前称为间叶)和中间部(PI，以前称为过渡叶)。脑垂体的纵轴正中矢切面形态结构如图 1-20 和图 1-21(1)所示。

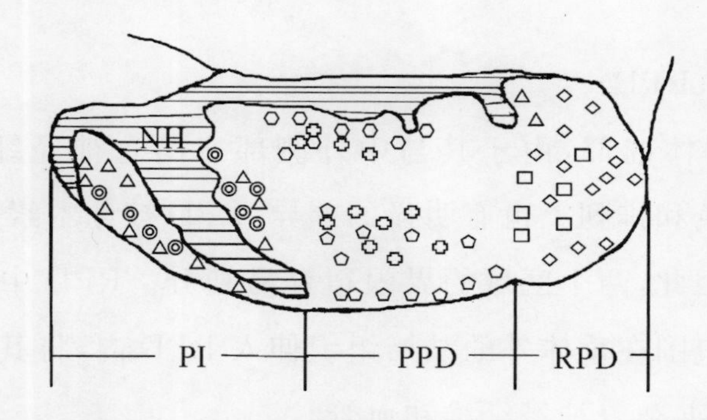

图 1-20　中华乌塘鳢脑垂体纵轴正中矢切面模式

□促黄体激素分泌细胞　◇催乳激素分泌细胞　△促肾上腺皮质素分泌细胞
⬡促甲状腺激素分泌细胞　✣生长激素分泌细胞　⬠促滤泡激素分泌细胞
◎促黑激素分泌细胞

NH—神经垂体；PI—中间部；PPD—中外侧部；RPD—前外侧部

二、神经垂体

神经垂体由下丘脑的神经分泌细胞发出的神经纤维束、神经胶质细胞、微血管和少量垂体细胞组成。神经纤维束延伸至腺垂体时发出很多分支，特别是垂体中间部分布最多，前外侧部次之。这些神经纤维在 Mallory 三色染色法中呈浅蓝色。

神经纤维间的垂体细胞有两种类型，一种为颗粒垂体细胞（granular-pituicyte），海德汉 Azan（HA）染色法染成浅红色，椭圆形、梨形或不规则形，细胞较大，细胞内有不明显颗粒，椭圆形，居中，该种细胞数量少；另一种为纤维垂体细胞（fibrillar-pituicyte），HA 染色法染成深紫红色，梭形或椭圆形，细胞小，细胞中无分泌颗粒[图 1-21(2)]。神经垂体中分泌物分为 3 种类型，第 1 种是被 HA 染色法染成蓝色的嗜碱性大型团块，不规则形；第 2 种是被 HA 染色法染成蓝色的嗜碱性不规则颗粒；第 3 种是被 HA 染色法染成红色的嗜酸性不规则团块[图 1-21(2)]。神经垂体中微血管十分丰富，Mallory 法染色的微血管非常清晰，内可见染色呈黄色的血细胞[图 1-21(3)]。

三、腺垂体

（一）前外侧部（RPD）

RPD 位于脑垂体前部，由于其与中外侧部之间有神经纤维和结缔组织纤维，两者在细胞染色和排列上也有明显的差异，RPD 被苏木素-伊红（HE）染色法染成较深的颜色，因此，两个区域的界限很容易划分。RPD 中的细胞排列紧密，细胞分布有规律，包围在垂体外的结缔组织伸入 RPD 内，将其分割成许多小叶，同时在结缔组织中夹杂着神经纤维和血管。

催乳激素（PRL）分泌细胞分布于 RPD 各处，数量多，细胞嗜酸性，被 HA 染色法染成红色，细胞排列紧密，呈索状[图 1-21(4)]。促黄体激素（LH）分泌细胞主要分布在前外侧部中部，细胞嗜碱性，被 HA 染成深蓝色，核被染成紫红色，细胞圆形或椭圆形，核圆形[图 1-21(4)]。该细胞对兔抗 LH 抗体显免疫阳性反应[图 1-21(5)]。

（二）中外侧部（PPD）

PPD 位于脑垂体中部，细胞密集，容易被 HE 或 HA 染色法染色，且染色较深。PPD 较 RPD 颜色浅，易与 RPD 和 PI 区别。

PPD 主要由 3 种分泌物细胞组成，第 1 种是生长激素（GH）分泌细胞，细胞位于中外侧，细胞较小，排列十分紧密，嗜酸性，HA 染色法染成紫红色，细胞椭

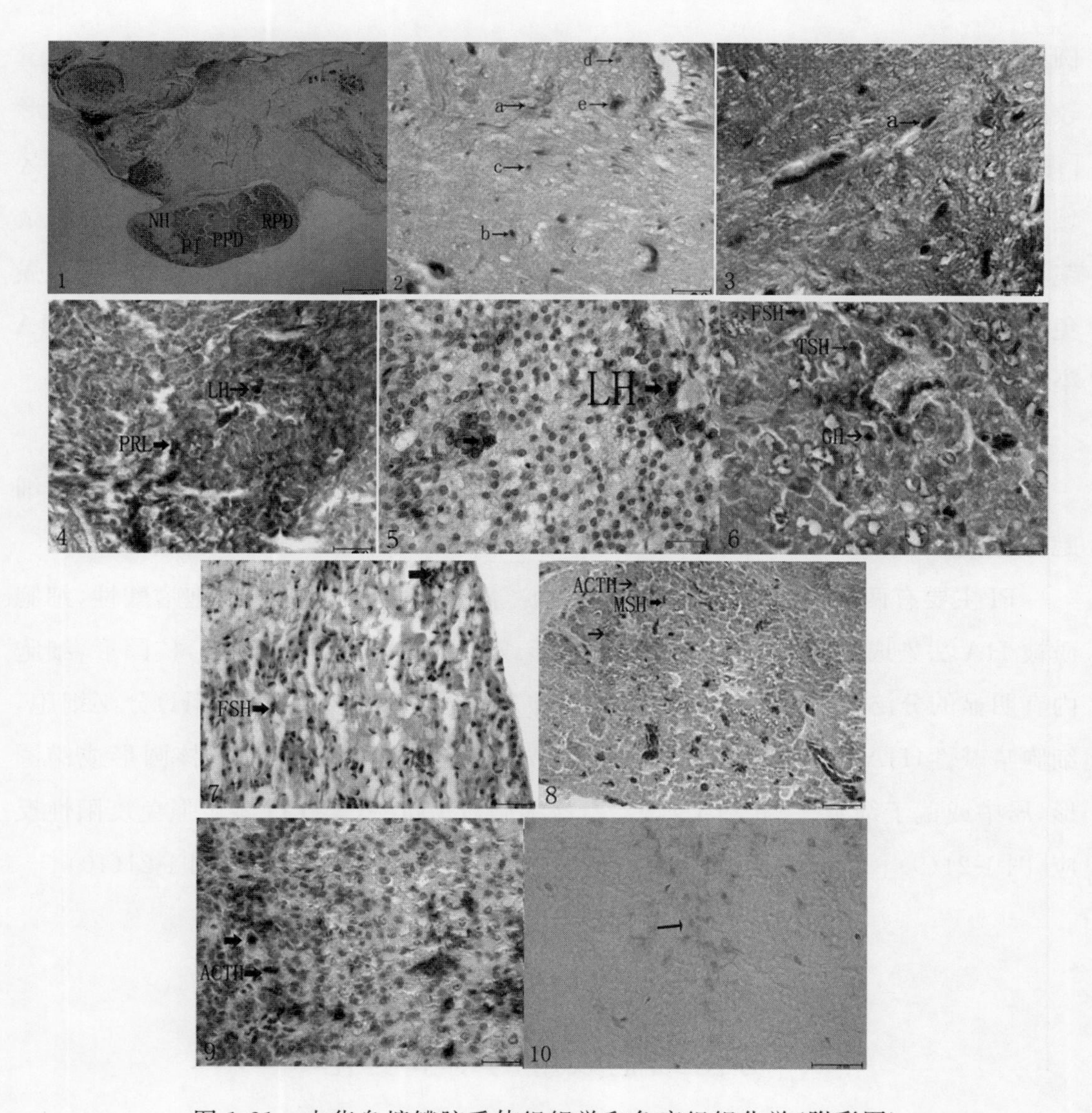

图 1-21　中华乌塘鳢脑垂体组织学和免疫组织化学(附彩图)

图 1 为 HE 染色法，示中华乌塘鳢的脑垂体形态结构，NH 示神经垂体，PI 示中间部，PPD 示中外侧部，RPD 示前外侧部，比例尺＝200 μm；图 2 为 HA 染色法，示神经垂体中的蓝色嗜碱性大型团块(a)、颗粒垂体细胞(b)、纤维垂体细胞(c)、蓝色嗜碱性不规则颗粒(d)、嗜酸性不规则团块(e)，比例尺＝20 μm；图 3 为 Mallory 三色法，示橙黄色的血细胞(a)，比例尺＝20 μm；图 4 为 HA 染色法，示垂体 RPD 的红色 PRL 细胞和 LH 细胞，比例尺＝20 μm；图 5 为免疫细胞化学方法，示垂体 RPD 的 LH 阳性细胞，比例尺＝20 μm；图 6 为 HA 染色法，示垂体 PPD 的 GH 细胞、FSH 细胞和 TSH 细胞，比例尺＝20 μm；图 7 为免疫细胞化学方法，示垂体 PPD 的 FSH 阳性细胞，比例尺＝20 μm；图 8 为 HA 染色法，示垂体 PI 的 MSH 细胞和 ACTH 细胞，比例尺＝50 μm；图 9 为免疫细胞化学方法，示垂体 PI 的 ACTH 阳性细胞，比例尺＝50 μm；图 10 为醛复红(AF)染色法，示垂体 PI 的蓝紫色 AF 阳性细胞，比例尺＝25 μm

圆形或多角形[图 1-21(6)];第 2 种是促甲状腺激素(TSH)分泌细胞,细胞数量较少,细胞较小,嗜碱性,细胞质被 HA 染色法染成蓝色,细胞圆形或椭圆形[图 1-21(6)];第 3 种是促滤泡激素(FSH)细胞,主要分布在 PPD 腹缘和中央区域,细胞大,嗜碱性,细胞质被 HA 染色法染成蓝色,核染成紫红色,在高倍显微镜下可见细胞质中蓝色的分泌颗粒[图 1-21(6)],该细胞对兔抗 FSH 抗体显强免疫阳性反应[图 1-21(7)]。PPD 内有丰富的血管和神经纤维,神经纤维被 HA 染色法染成蓝色。

(三)中间部(PI)

PI 位于脑垂体后部,细胞排列疏松,神经垂体分支将其分隔成多个小的细胞群。

PI 主要有两种分泌细胞,一种是促黑激素(MSH)分泌细胞,细胞嗜酸性,细胞质被 HA 法染成浅红色,核红色,细胞圆形或椭圆形,细胞界限清晰,核圆形,细胞内有明显的分泌颗粒[图 1-21(8)];第 2 种是促肾上腺皮质素(ACTH)分泌细胞,细胞嗜碱性,HA 法染成蓝色,细胞圆形或椭圆形,细胞界限清晰,核圆形或椭圆形,居中或偏于细胞一侧[图 1-21(8)],该细胞对兔抗 ACTH 抗体显强免疫阳性反应[图 1-21(9)],且有醛复红(AF)染色法阳性反应,细胞呈蓝紫色[图 1-21(10)]。

第十一节　脑垂体促性腺激素分泌细胞数量的季节变化

中华乌塘鳢脑垂体促性腺激素(GtH)分泌细胞数量生殖季节多于非生殖季节。在非生殖季节(1 月),脑垂体的 GtH-Ⅰ(FSH)细胞数量较少,仅在 PPD 中部检测到个别的 GtH-Ⅰ细胞[图 1-22(1)],*PU* 值(阳性单位)为 43.78%±6.54%;RPD 中的 GtH-Ⅱ(LH)细胞的数量也少[图 1-22(3)],且呈弱免疫阳性反应,*PU* 值为 43.02%±4.02%。在生殖季节(5 月),脑垂体的 GtH-Ⅰ细胞数量增加,特别是在 PPD 腹缘检测到较多的 GtH-Ⅰ细胞,且呈较强的免疫阳性反应[图 1-22(2)],*PU* 值(66.80%±5.09%)显著高于($p<0.01$)1 月的 *PU* 值;

RPD 中的 GtH-Ⅱ的细胞数量大量增加[图 1-22(4)]，*PU* 值(59.07%±4.97%)显著高于($p<0.01$)1 月的 *PU* 值。

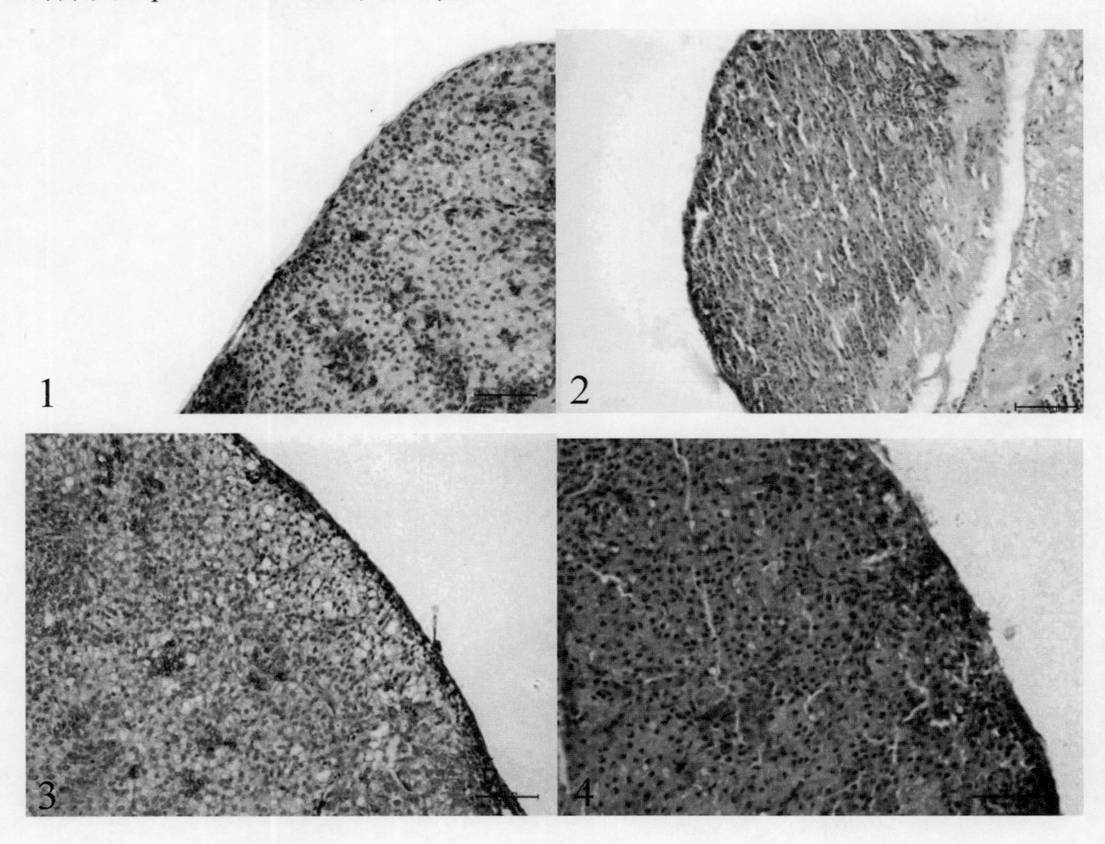

图 1-22　中华乌塘鳢脑垂体促性腺激素(GtH)分泌细胞数量的季节变化(附彩图)

图 1 为 1 月脑垂体 PPD FSH 细胞的分布；图 2 为 5 月脑垂体 PPD FSH 细胞的分布；
图 3 为 1 月脑垂体 RPD LH 细胞的分布；图 4 为 5 月脑垂体 RPD LH 细胞的分布

比例尺＝50 μm

第十二节　性腺成熟系数的季节变化

野生雌性中华乌塘鳢性腺成熟系数(GSI)2 月为 1.168%±0.655%，5 月迅速升至 12.397%±3.222%，8 月降至 5.228%±3.165%，11 月最低(0.598%±0.165%)(图 1-23)。野生雄性中华乌塘鳢 GSI 周年变化趋势与雌鱼一致，2 月为 0.07%±0.026%，5 月迅速升至 0.146%±0.025%，8 月降至 0.103%±0.043%，11 月最低(0.033%±0.01%)(图 1-24)。

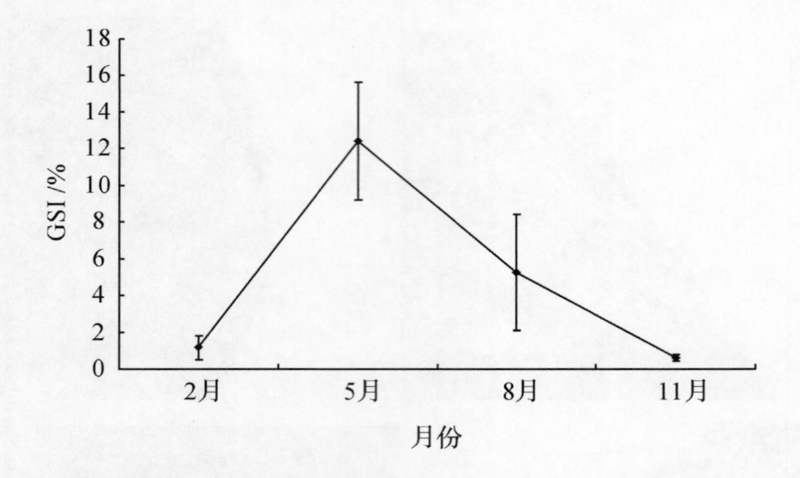

图 1-23　野生雌性中华乌塘鳢 GSI 季节变化

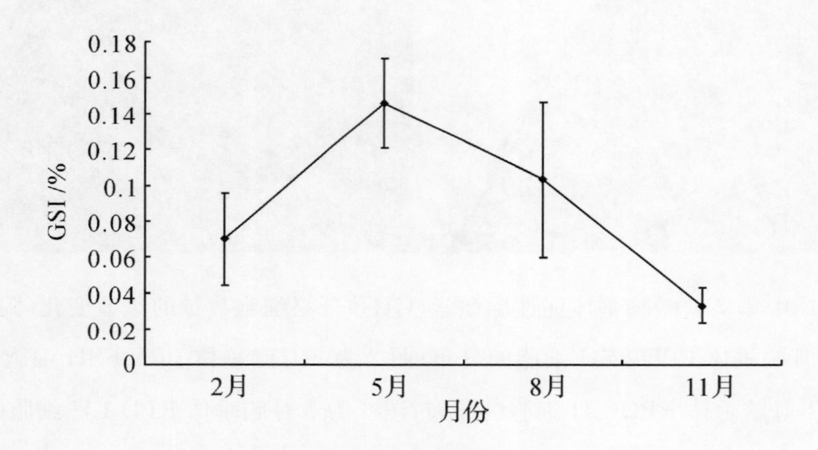

图 1-24　野生雄性中华乌塘鳢 GSI 季节变化

第十三节　受精和孵化

一、卵子和精子形态结构

中华乌塘鳢产沉性黏着性卵，成熟卵近圆形，油球小，数量多，卵膜较厚，卵径为 0.92～1.03 mm，卵的一端具有黏着丝，黏附在洞穴的产卵室内壁。受精卵呈长椭圆形，长径 3.35 mm，短径1.15 mm，受精后不久卵周隙迅速膨胀，形成一个很大的卵周隙，为受精卵提供水分和氧气的缓冲空间，使其具有耐干燥的能力。因此，虽然退潮期间洞穴内海水的溶解氧含量不高，但受精卵和胚胎仍能够继续发育。

中华乌塘鳢精子由头部、颈部和尾部 3 部分组成，全长 17.0～19.0 μm，头部为圆形，直径为 1.5～2.0 μm，颈部很短，尾部长15.5～17.5 μm(何振邦等，2009)。

二、受精过程

未受精卵的卵膜孔区表面被絮状物覆盖，受精后 30 s，絮状物消失，但可以清晰地观察到卵膜孔被精孔细胞塞住。此时，个别精子已经到达卵膜孔附近，精子头部多数朝向卵膜孔。受精后 60 s，多个精子聚集在卵膜孔周围，但只有 1 个精子进入卵膜孔，并将尾部留在卵膜孔外(图 1-25)。之后，卵膜孔开始闭合，被阻塞，多余的精子滞留在卵膜孔外面，尾部相互缠绕，精子间出现絮状黏性物质，形成了一个线团样的结构。受精后 120 s，卵膜孔区的精子开始解体，先是尾部解体，而后是颈部和头部，卵膜孔被絮状物堵塞，受精过程完成。

图 1-25　中华乌塘鳢卵子受精过程(箭头示精子正在穿过卵膜孔)

三、受精卵孵化

中华乌塘鳢受精卵孵化的适温范围为19.5～29.5 ℃。水温在19.5～21.5 ℃的范围内（平均20.7 ℃），仔鱼出膜的时间一般为8～13天；水温在22.5～25.0 ℃范围内（平均23.7 ℃），仔鱼出膜的时间一般为4～7天；水温在26.0～27.0 ℃范围内（平均26.5 ℃），仔鱼出膜的时间一般为4天左右；若水温持续高于29.5 ℃，则仔鱼出膜的时间一般为2～3天（李慧梅等，1987）。若水温低于19 ℃，则因孵化时间延长、胚体不能破膜而死亡；若水温高于30 ℃，则受精卵会提早孵化，孵化后的仔鱼因不适应外界过高的水温而迅速死亡。

在适宜孵化水温范围的下限，胚体在卵膜内发育时间较长，仔鱼孵出时各种器官发育比较完善，出膜后1～2 min便能游动；在适宜孵化水温范围的上限，胚体在卵膜内发育时间较短，仔鱼孵出时各种器官发育比较不完善，卵黄囊较大，尾部笔直（李慧梅等，1987）。水温（31±0.5）℃时，孵化率较高，但初孵仔鱼死亡率较高；水温（24±0.5）℃时，由于孵化时间较长，卵膜上附着物增多，仔鱼破膜困难，因此孵化率较低；水温（28±0.5）℃时，孵化率和成活率都较高（何振邦，2008）。

中华乌塘鳢受精卵最适宜的孵化盐度为16.41～23.60，孵化过程采用流水刺激（4～5 m/s），可以提高孵化率（钟爱华 & 李明云，2002）。

第十四节　早期发育

中华乌塘鳢早期发育包括胚胎发育和仔稚鱼发育2个阶段。李慧梅等（1987）详细描述了中华乌塘鳢胚胎和仔稚鱼发育过程。在海水密度1.011～1.012 kg/m^3、水温22.5～25.0 ℃的条件下，受精后144:30 h仔鱼开始孵出，初孵仔鱼平均全长4.60 mm；孵化后4天，仔鱼平均全长4.95 mm，卵黄基本被吸收；孵化后6天，发育至后期仔鱼，平均全长5.50 mm，卵黄囊已消失；孵化后23天，稚鱼平均全长10.90 mm；孵化后35天，稚鱼平均全长17.20 mm。

一、胚胎发育

中华乌塘鳢胚胎发育进程见表1-1。

中华乌塘鳢胚胎发育过程从血液循环开始至孵化期,需氧量显著地增加,这时的溶解氧量应在7～8 mg/L,若不及时供给足够的氧气,则会造成仔鱼缺氧死亡。胚胎孵化前,各种器官已逐步发育形成,生理方面有着较大的变化,同时将从卵膜内的环境过渡到孵化后的外界环境,因此应保持良好的外界条件,以满足其生理需求。

表1-1 中华乌塘鳢胚胎发育进程(海水密度1.011～1.012 kg/m³、水温22.5～25.0 ℃)
(李慧梅等,1987)

发育阶段	受精后时间(小时:分)	主要特征
(一)早期胚胎		
1.受精卵与卵裂		
(1)受精卵	0:2	受精卵卵膜遇水后膨胀,卵膜表面有一簇黏着丝。卵内原生质向动物极移动集中,集中的原生质厚度约0.17 mm
	0:5	卵膜拉长成长梨形,长径约3.0 mm,短径约1.0 mm。黏着丝位于长梨形卵膜的一端,黏附于基质上,另一端为游离端
	0:27	卵周隙出现,附着端的卵周隙增大,约0.5 mm,游离端卵周隙为0.12 mm[图1-26(1)]
(2)单细胞期	3:20	受精卵呈长梨形,黏着丝附着端较小,游离端较大。受精卵长径2.75～3.58 mm,短径0.92～1.13 mm。黏着丝一端的卵周隙为0.42～1.0 mm,游离端的卵周隙为1.25～1.92 mm。卵黄囊呈圆形,直径为0.82～1.0 mm。集中的原生质在动物极积聚形成胚盘,朝向黏丝附着端;植物极呈淡黄色,朝向游离端。受精卵膜较厚,透明无色,黏着丝呈无色透明[图1-26(2)]
(3)2细胞期	3:35	受精卵开始第1次分裂,胚盘分裂成大小相等的两个细胞[图1-26(3)]

续表

发育阶段	受精后时间（小时:分）	主要特征
(4)4 细胞期	3:55～3:58	受精卵第 2 次分裂，两细胞分裂成大小相等的 4 个细胞[图 1-26(4)]
(5)8 细胞期	4:23	受精卵第 3 次分裂，4 细胞分裂成大小相等的 8 细胞，在胚盘上排成两列，每列 4 个细胞[图 1-26(5)]。大约经过 12 min，大部分受精卵均进入 8 细胞期[图 1-26(5)]
(6)16 细胞期	4:45	受精卵第 4 次分裂，分裂成 16 个大小相等的细胞[图 1-26(6)]
(7)32 细胞期	5:05	受精卵第 5 次分裂，分裂为大致相等的 32 个细胞
(8)桑椹胚期	5:25	细胞继续分裂增多，形成桑椹胚期[图 1-26(7)]
2. 囊胚期		
(1)高囊胚期	6:20	大部分受精卵进入了典型的高囊胚期[图 1-26(8)]
(2)低囊胚期	7:50	细胞分裂得更多更小，整个胚膜向植物极扩展，并逐渐低下来，再经约 30 min，几乎全部受精卵的胚盘呈低帽状，覆盖在卵黄上[图 1-26(9)]。在低囊胚期之前，胚胎一般朝着黏着丝的一端，可见卵黄重于卵质
3. 原肠期	11:05	胚膜细胞从四周向植物极下包，形成胚环
	12:05	胚环下包卵黄 2/5
	13:35	胚盾形成。受精后约 14： 15 h，当胚环下包卵黄 2/3 时，胚盾形似一长舌状
	14:40	胚环下包卵黄 3/4，在胚盾的背中央出现一条加厚的隆起嵴
	15:20	神经沟形成，进入神经胚期[图 1-26(10)]，即为原肠中期
	15:25	胚环下包卵黄 4/5 时，下包仍然继续进行，原口逐渐缩小，并由外露的卵黄部分形成卵黄栓。这时期之后，由于胚环的下包，植物极的一端与动物极一端的比重发生变化，卵黄囊在卵膜内能自由转动，因此有些受精卵的胚胎不一定再朝着黏着丝附着端
	15:40	原口变得更小，接近封闭，其口径仅 0.25 mm[图 1-26(11)]

续表

发育阶段	受精后时间（小时:分）	主要特征
（二）胚体形成期		
1.原口封闭期	16:15	原口闭合，出现胚体雏形，隐约看到头部两侧的眼泡原基．胚体背部神经沟还未消失，卵黄及胚体仍为淡橙黄色[图 1-26(12)]
2.眼泡形成期	25:00	胚体曲伏在卵黄囊上，已达卵黄的 1/2，头部较大，尾端较小，紧贴在卵囊上
	28:30	胚体围绕卵黄囊 3/5，出现尾部原基(即末球)。胚体两侧出现 4 对肌节
	29:00～30:00	肌节增为 14 对，胚体前端神经管膨大形成原始脑泡，眼泡亦渐明显，嗅囊出现[图 1-26(13)]。受精后约 30 h，尾芽隆起，离开卵黄囊。尾芽呈圆形，周围有狭窄的鳍褶形成
3.听囊出现期	34:00	尾芽长为胚体的 1/4，肌节增至 24 节，在脑后两侧出现一对透明的听囊，在尾端内侧，紧靠卵黄囊处，出现一个球形的克氏泡，卵黄囊变为卵圆形，表面有一些小泡状突起，在胚体头部下方，出现一个透明的围心腔[图 1-26(14)]
4.心脏开始搏动	53:30	尾芽长为胚体的 1/3，尾部伸直，并不时地向卵黄囊摆动。鳍褶较明显，自卵黄囊后方绕尾部直至胚体背部止于头部后方。肠管呈直的细管状，肛门位置可见，心脏原基位于胚体头部下方及卵黄囊前方处，呈管状，能作间断性的微弱搏动。脊索笔直而明显[图 1-26(15)]
	73:40	尾芽长为胚体的 1/2，卵黄囊及腹鳍褶基部出现分散的褐色素点。在胚体内出现较缓慢的血循环，循环流动着的血液呈无色透明状，内有小颗粒状的血球
	79:10	原有的褐色素加深，血循环也较快，原来无色透明流动着的颗粒状血液细胞(血球)变成褐色。此时，尾部变得较长而尖，并沿着卵膜向卵黄囊弯曲[图 1-26(16)]
5.胚体及眼球褐色素出现	90:00	眼泡已内陷为眼杯，并有水晶体形成，眼下方有一脉络裂，眼球围膜上充满深褐色素，胚体腹缘有一排分散的深褐色素，并在肛门后尾部的腹缘下方集中成一片较明显的褐色素斑。胚体内循环着的血液仍呈褐色，心脏及卵黄囊下方和前方周围的血液呈橘红色。全身血循环很快。心脏已明显分化为心耳与心室两部分，围心腔更为明显。听囊发育较完全，内有两粒很小的透明耳石。尾部脊索仍笔直，胚体在卵膜内常常扭动[图 1-26(17)]

续表

发育阶段	受精后时间（小时:分）	主要特征
6. 眼球出现黑色素及胸鳍原基出现	100:20	眼球已充满黑色素，眼下方的脉络裂已消失。心脏已明显地分为3部分（即心室、心耳和静脉窦）。心脏搏动快而有力，108～110次/min（水温25.0 ℃）。此时，胚体头部、躯干以及卵黄囊周围流动着的血液均呈橘红色。脊索仍存在，体两侧有肌肉生成，卵黄囊呈小泡状，变得较松软，同时卵黄囊表面有分散、较粗的褐色素点分布[图1-26(18)]。在听囊两侧之后方、卵黄囊前缘的上方处出现一对胸鳍原基，略呈三角形[图1-26(19)]
7. 鳔基出现	120:05	尾部变得更尖长，弯曲的尾尖已达到卵囊中部下方。口裂明显，肠管已开始弯曲，在肠管前方，可见到胃的雏形。鳔出现在卵黄囊中部的上方和肠管前端的背面，长约0.25 mm，宽约0.2 mm，呈金黄色的椭圆形薄块，其上分散着金色的色素颗粒，并夹杂着几颗墨绿色的色素颗粒。在解剖镜下观察鳔基，金光灿灿，十分美丽[图1-26(20)]
8. 孵化前期	138:29	弯曲的尾部末端已达到眼球，口裂斜位，并能开合，鳃裂较明显。有些个体的卵黄囊腹面还会出现几个大小不同的小泡状突起，肌肉从体两侧背部向腹部发展，头部渐不透明，所以仅能在卵黄囊前下方及胚体腹面靠近鳍褶处看到橘红色的血液流动，鳔发育呈长圆形，其内出现几束树枝状的小黑色素丛，肠管变得较粗，形成两个盘环[图1-26(21)]
9. 孵化期	144:30	已有大部分仔鱼孵化。这时气鳔呈长条状，金黄色，其内树枝状黑色素更为明显，位于尾端与肛门之间处的尾部腹侧褐色素斑仍可见到。卵黄变得更为松软，胚体在卵膜内不定时地扭动，平均约扭动2次/min。胚体在卵膜内的扭动次数不断增加，尾端频频接触游离端的卵膜，再经过约23 h后，变得脆薄的卵膜，终于被穿破。仔鱼孵出时，尾部首先伸出膜外，头部及前半身仍留在膜内，在这种状态下约停留2 min。随后，尾部作较剧烈的左右摆动，整个胚体脱膜而出，历时共167:30 h[图1-26(22)]

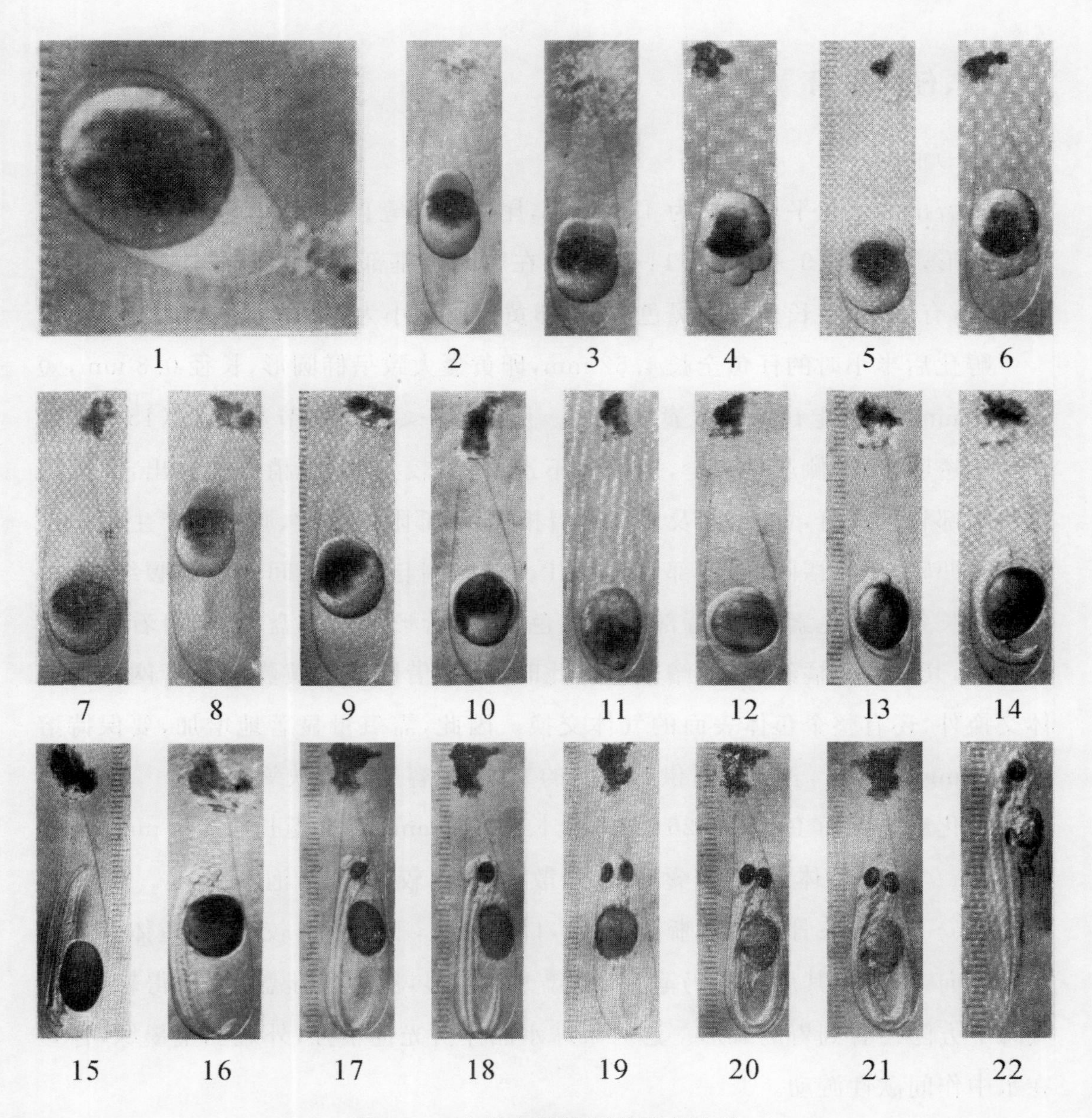

图 1-26　中华乌塘鳢胚胎发育进程

图 1 为受精后 27 min；图 2 为单细胞期；图 3 为 2 细胞期；图 4 为 4 细胞期；图 5 为 8 细胞期；图 6 为 16 细胞期；图 7 为桑椹胚期；图 8 为高囊胚期；图 9 为低囊胚期；图 10 为神经胚期；图 11 为原口将封闭；图 12 为原口封闭；图 13 为 14 对肌节；图 14 为克氏泡出现；图 15 为心脏搏动；图 16 为血液循环；图 17 为眼球出现褐色素；图 18 为眼球出现黑色素；图 19 为胸鳍原基出现（背面观）；图 20 为鳔基出现；图 21 为孵化前期；图 22 为 1 天仔鱼

二、仔鱼发育

(一)前期仔鱼

刚孵出的仔鱼平均全长为 4.60 mm,尾端脊索笔直,鱼体白色,较透明,肌节呈“＜”形,肌节数(9～10)+(14～15)。在腹鳍褶基部上方,尾部与肛门之间的腹侧处,有 4～5 块长条状的黑色素斑,卵黄囊已缩小为原来的 1/3。

孵化后半小时的仔鱼全长 4.62 mm,卵黄囊大致呈椭圆形,长径 0.8 mm,短径 0.7 mm,此时能看到卵黄囊血管网。肌节呈“＜”形,肌节数 11+(15～16)。鱼体呈透明状,体侧肌肉清楚,头部稍不透明,口较大,下颌稍向前突出,眼球黑色。尾部脊索笔直,背、腹部及尾部鳍褶相连,尾部附近的背、腹鳍褶产生了两个相对的凹陷,尾鳍褶圆形,尾部笔直强壮。在尾端与肛门之间的中部腹缘,有一明显的长条状褐色素,气鳔背部布满黑色素,肠管形成两个盘曲,仍可看到心脏的搏动,其血液呈橘红色,胸鳍较小。此时,除了借助于卵黄囊的血管网进行气体交换外,还有整个鱼体表面的气体交换。因此,需氧量显著地增加,要保持溶解氧 7 mg/L 以上,若不及时供给足够的氧气,则容易造成缺氧现象。

孵化后 1 天仔鱼[图 1-26(22)]全长 4.62 mm,卵黄囊长径0.7 mm,短径 0.5 mm。有些个体的卵黄囊表面分散着数粒较大的小泡状突起。肌节数 11+(15～16)。头骨轮廓清晰,口变大,口裂斜位,下颌突出较明显,鱼体背部前半部略向上隆起,其后尾部仍笔直,气鳔更为明显,肠进一步盘曲,变得较粗,在气鳔下方隐约看到胃的雏形。这时眼球水晶体折光性很强,外观晶莹墨绿,仔鱼在水中作间歇性游动。

孵化后 2 天仔鱼全长 4.62 mm,卵黄囊变得更小,略呈圆形,长、短径均为 0.55 mm。肌节十分明显,肌节数 11+(15～16)。胸鳍较发达,略呈圆扁状,能扇动。

孵化后 3 天仔鱼全长 4.62 mm,卵黄囊被吸收而变小,长径 0.47 mm,短径 0.4 mm。肌节数 11+(15～16)。口常开闭活动,气鳔已充气,气鳔背面有树枝状黑色素覆盖。鳍褶已分化出尾叶、背叶及臀叶。背鳍褶与臀鳍褶仅靠较狭窄的鳍褶与尾鳍褶相连,尾鳍褶呈圆形,内出现间充质的弹力丝。背鳍褶和臀鳍褶在躯干1/2处最高。在尾部中间腹缘处的一块条状黑色素斑与肠末端上方的一块黑色素斑之间的腹缘处，有一排相间排列的黑色素点。

孵化后4天仔鱼全长4.95 mm，卵黄囊基本被吸收。肌节数11＋(15～16)，口裂更大，气鳔进一步发达，椭圆形，其长为0.7 mm，高为0.35 mm，可见到肠管内壁的褶皱。这时仔鱼能在水中游动，大部分个体已开始摄食扁藻和轮虫。

(二)后期仔鱼

孵化后6天仔鱼平均全长5.50 mm，孵黄囊已耗尽。肌节数11＋(15～16)。口更大，口裂斜位，上、下颌各有1排细齿，下颌较明显地突出。臀鳍褶基部的腹缘处1排黑色素块已明显地凝集成排列相等的3～4块条状黑色素，肠子更为盘曲，可见胃和肝脏，有些个体的尾鳍褶下方已产生几条雏形间充质鳍条。

孵化后8天仔鱼平均全长5.61 mm，第2背鳍上有6条间充质鳍条，臀鳍上有7条间充质鳍条。

孵化后10天仔鱼平均全长6.45 mm，肌节数11＋(15～16)。尾鳍软骨质鳍条变得较粗大。

孵化后13天仔鱼平均全长7.10 mm，脊索已大部分退化，形成脊椎骨，脊椎骨在鱼体中央，从眼后直达尾部，尾椎骨上翘与体轴约成140°角，鱼体呈淡黄褐色。这时的仔鱼在水中游动活跃，并能摄食小型桡足类(李慧梅等，1987)。

三、稚鱼发育

孵化后23天稚鱼平均全长10.90 mm，平均体长9.50 mm，体高1.50 mm，肛前距为全长的47.7%。上翘的尾椎骨退化变细，脊椎骨28～29个。体形与成鱼相似，体呈流线形，体色呈黄褐色。鳍褶完全退化，明显地分化出第1背鳍、第2背鳍、臀鳍和尾鳍，尾鳍圆形。鳍式与成鱼基本相同，第1背鳍有6条短的软骨质鳍棘，第2背鳍有12条鳍条，臀鳍有1条鳍棘、9条鳍条，尾鳍有17条鳍条。第2背鳍中间部分的鳍条最长，胸鳍发达，尾鳍基部有1条棕色的色素斑。口大，口裂斜位，上下颌各有1排细齿，眼径0.80 mm。鳃盖已发育得较完善，开合动作明显。躯干部已全部被肌肉所覆盖。稚鱼游动较快，生命力也较强，摄食小型桡足类及丰年虫无节幼体。

孵化后 25 天稚鱼平均全长 11.20 mm，体长 9.70 mm，体高1.58 mm，肛前距为全长的 47.7%。脊柱明显，有脊椎骨 29～30 个。从臀鳍的第 2 鳍条基部起至尾柄的腹缘的 1 列黑色素点发生变化，其前段变为 4 块条状黑色素斑。尾鳍基部的 1 条棕色色素斑更加明显，呈棕红色。体侧肌肉进一步发达，外形更似成鱼。

孵化后 28 天稚鱼平均全长 12.00 mm，平均体长 10.00 mm，体高 1.60 mm，肛前距为全长的 42.5%。脊椎骨 29～30 个。从臀鳍第 2 鳍条基部至尾柄的腹缘有 9 块相间排列的短条状黑色素块。

孵化后 35 天稚鱼平均全长 17.20 mm，平均体长 14.3 mm，体高 2.29 mm。脊椎骨 29 ～30 个。鳞片未出现，体表面尚未出现与成鱼相同的斑纹，尾鳍圆形。常在水中游动，游泳能力显著增强。这个时期主要摄食丰年虫无节幼体和小型桡足类(李慧梅等，1987)。

苏跃中等(1995)在水温 27.0～29.2 ℃，盐度 26.2～30.4 的条件下观察到中华乌塘鳢孵化后 32 天已发育为幼鱼，全长22.0～25.0 mm，背部呈黑色，头部及体背被有细小圆鳞，尾鳍基部出现黑色眼状斑，已基本具成鱼的形态特征。

四、水温对仔、稚、幼鱼生长发育的影响

水温对中华乌塘鳢仔、稚、幼鱼的生长有显著的影响，表 1-2 和图 1-27 比较了在水温(24±0.5) ℃、(28±0.5) ℃和(31±0.5) ℃时，仔、稚、幼鱼 70 日龄内的生长情况。5 日龄时，各组的平均全长相差很小；10 日龄到 40 日龄期间，(31±0.5) ℃组个体保持较快的生长速度；但 50 日龄后，(28±0.5) ℃组个体平均体长超过高温组，并在以后的 20 天继续保持较快的生长速度。低温组的生长速度和平均全长一直是这 3 个组中最低的(何振邦，2008)。

表 1-2　水温对中华乌塘鳢仔、稚、幼鱼生长的影响(何振邦,2008)

日龄	(24±0.5)℃		(28±0.5)℃		(31±0.5)℃	
	全长/cm		全长/cm		全长/cm	
	均值±标准差	变幅	均值±标准差	变幅	均值±标准差	变幅
5	0.510 0±0.024 5	0.47～0.56	0.537 6±0.050 2	0.42～0.62	0.523 3±0.048 0	0.50～0.62
10	0.552 0±0.056 1	0.50～0.65	0.556 9±0.033 5	0.51～0.60	0.735 7±0.062 7	0.65～0.80
20	0.843 3±0.124 4	0.64～1.00	0.990 6±0.118 6	0.80～1.10	1.100 0±0.117 3	0.90～1.40
30	1.020 0±0.204 4	0.75～1.40	1.481 8±0.227 2	1.10～1.90	1.545 0±0.265 0	1.20～2.10
40	1.203 3±0.225 6	0.90～1.80	2.165 0±0.306 5	1.80～2.70	2.183 3±0.357 0	1.70～2.70
50	1.845 5±0.291 1	1.30～2.30	2.929 2±0.402 5	2.20～3.60	2.641 7±0.337 4	2.20～3.60
60	2.145 5±0.314 2	1.80～2.90	3.741 7±0.510 7	2.90～4.40	3.360 0±0.457 5	2.70～4.30
70	2.485 7±0.256 8	2.2～2.90	4.383 3±0.376 2	3.80～5.10	3.711 5±0.420 4	2.70～4.90

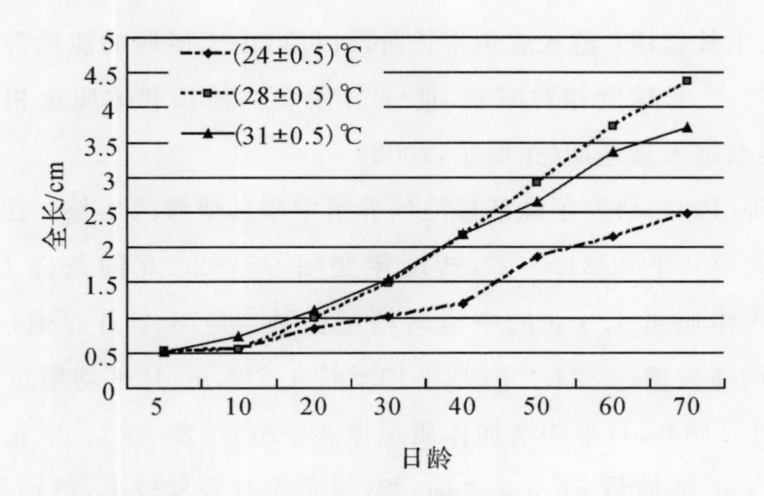

图 1-27　水温对中华乌塘鳢仔、稚、幼鱼生长的影响

第十五节　年龄和生长

中华乌塘鳢的生长速度与其生活的环境条件有关，在咸淡水中生活的个体生长速度快于在海水中生活的个体。中华乌塘鳢的体质量（W，g）和体长（L，mm）呈幂函数关系，其关系式为 $W=8.450\times10^{-6}L^{3.1741}$（张健东 & 叶富良，2001）。张健东（2002）对广东湛江沿海野生中华乌塘鳢群体的研究表明，中华乌塘鳢胸鳍支鳍骨上的年轮每年形成 1 次，形成时期主要在 12 月至翌年4 月。渔获物由 4 个年龄组组成，Ⅰ龄组占 34.3%，体长（102.3±19.4）mm，体质量（22.4±12.1）g；Ⅱ龄组占 53.6%，体长（150.9±13.1）mm，体质量（70.9±23.2）g；Ⅲ龄组占 9.3%，体长（183.1±7.4）mm，体质量（126.1±21.1）g；Ⅳ龄组占2.8%，体长（208.9±15.0）mm，体质量（167.8±34.0）g。中华乌塘鳢群体年龄结构简单，群体以Ⅰ龄组和Ⅱ龄组为主。中华乌塘鳢的生活史类型明显偏向于 r-选择型。

广东湛江沿海中华乌塘鳢的初次性成熟年龄为Ⅱ龄，在Ⅱ龄以前为幼鱼生长阶段，Ⅱ龄以后进入成鱼生长阶段。Ⅰ～Ⅱ龄鱼的体长和体质量相对增长率及生长指标均大于性成熟后的各龄鱼，说明低龄鱼所摄取的能量主要用于个体的生长，而且生长较快；进入成鱼生长阶段以后，由于摄取的能量部分用于性腺的发育和成熟，生长速度相对减慢，Ⅲ～Ⅳ龄鱼的体长和体质量相对增长率已显著降低，逐渐进入衰老期（张健东，2002）。

张邦杰等（1997）研究了珠江口池塘养殖中华乌塘鳢的生长。在养殖池年表面水温 6～36 ℃、平均 24.3 ℃，盐度年变幅0.8～20.9 的条件下，平均全长 3.1 cm 、平均体质量 1.4 g 的中华乌塘鳢苗种，经 18 个月养殖，平均体长达 23.6 cm，平均体质量达 224.2 g；月平均增长 1.28 cm，月平均增重 13.86 g，月平均增长率 15.18%，月平均增加体质量率 49.10%（表 1-3）。生长最快的时期是体长 16.5 cm、体质量 61.5 g 之前；雌、雄鱼生长差异较大，特别是性成熟后，同一生长日龄的群体，雄性个体平均体质量比雌性个体大 27.8%。池养中华乌塘鳢的体长生长速度随年龄的增长而减慢，并逐渐近于零；体质量生长速度的减慢则明显滞后，只是到了性成熟期及产后期才使其体质量增加速度降至零，并出现负生长。池养中华乌塘鳢的月特定生长率和生长指标见表 1-4。

表 1-3　池养殖中华乌塘鳢的增长(张邦杰等，1997)

日期（年.月）	体长/cm	体质量/g	月均增长/cm	月均增长率/%	月均增重/g	月均增重率/%
1993.12	3.1	1.4	—	—	—	—
1994.01	4.9	1.7	1.8	58.06	0.3	21.43
1994.02	8.3	6.7	3.4	69.39	5.0	294.18
1994.03	11.3	15.1	3.0	36.14	8.4	125.37
1994.04	14.2	34.2	2.9	25.66	19.1	126.49
1994.05	17.1	58.1	2.9	20.42	23.9	69.88
1994.06	18.4	70.2	1.3	7.60	12.1	20.83
1994.07	18.7	74.1	0.3	1.63	3.9	5.56
1994.08	19.1	81.2	0.4	2.14	7.1	9.58
1994.09	20.4	106.1	1.3	6.81	24.9	30.67
1994.10	22.1	144.5	1.7	8.33	38.4	36.19
1994.11	22.4	153.3	0.3	1.36	8.8	6.09
1994.12	22.6	159.2	0.2	0.89	5.9	3.85
1995.1—3	22.6	160.3	—	—	—	—
1995.04	23.1	181.1	0.5	2.21	20.8	12.98
1995.05	23.5	201.5	0.4	1.73	20.4	11.26
1995.06	23.6	224.2	0.1	0.43	22.7	11.27

表 1-4　池养中华乌塘鳢的月特定生长率和生长指标(张邦杰等,1997)

日期(年.月)	月　龄	均体长/cm	特定生长率/%	生长指标	均体质量/g	特定生长率/%	生长指标
1993.12	2	3.1	—	—	1.4	—	—
1994.01	3	4.9	45.77	1.42	1.7	19.41	2.27
1994.02	4	8.3	52.71	2.58	6.7	137.16	2.33
1994.03	5	11.3	30.85	2.56	15.1	81.26	5.44
1994.04	6	14.2	22.84	2.58	34.2	81.74	12.34
1994.05	7	17.1	18.58	2.64	58.1	53.00	18.13
1994.06	8	18.4	7.32	1.25	70.2	18.90	10.98
1994.07	9	18.7	1.61	0.30	74.1	5.41	3.80
1994.08	10	19.1	2.12	0.40	81.2	9.16	6.79
1994.09	11	20.4	6.59	1.26	106.1	26.73	21.71
1994.10	12	22.1	8.01	1.63	144.5	30.90	32.70
1994.11	13	22.4	1.34	0.30	153.3	5.89	8.52
1994.12	14	22.6	0.90	0.20	159.2	3.78	5.79
1995.1—3	15—17	22.6	—	—	160.3	—	—
1995.04	18	23.1	2.19	0.49	181.1	12.89	20.53
1995.05	19	23.5	1.73	0.40	201.5	10.68	19.35
1995.06	20	23.6	0.41	0.10	224.2	10.66	21.48

第十六节　染色体核型

不同地理种群的中华乌塘鳢染色体核型有所差异。日本石垣岛的中华乌塘鳢染色体数 $2n=48$,核型为 4m/sm＋44st/t,即有2 对中部或亚中部着丝粒染色体以及 22 对亚端部或端部着丝粒染色体,总臂数 $NF=52$(Arai *et al.*,1974)。浙江省舟山沿海中华乌塘鳢群体的染色体数 $2n=48$,核型为 4sm＋2st＋42t,即有 2 对亚中部着丝粒染色体,1 对亚端部着丝粒染色体和 21 对端部着丝粒染色体，总臂数 $NF=52$，未见异形染色体，也未见次缢痕及随体染色体（费志清 & 陶荣庆，1987）。广西省东兴沿海中华乌塘鳢群体的染色体数 $2n=46$，核型为 46t，即所有染色体均为端部着丝粒染色体，总臂数 $NF=46$，46 条染色体可配成 23 对同源染色体，没有发现次缢痕、随体和性染色体，雌雄个体的核型没有差异（沈亦平等，1994）。福建省厦门市沿海和霞浦县沿海中华乌塘鳢群体的染色体核型相似，染色体数均为 $2n=46$，核型为 46t，总臂数 $NF=46$，2 个群体及不同性别的中华乌塘鳢个体中均未发现次缢痕、随体或性染色体（图 1-28）（戈薇，2008）。

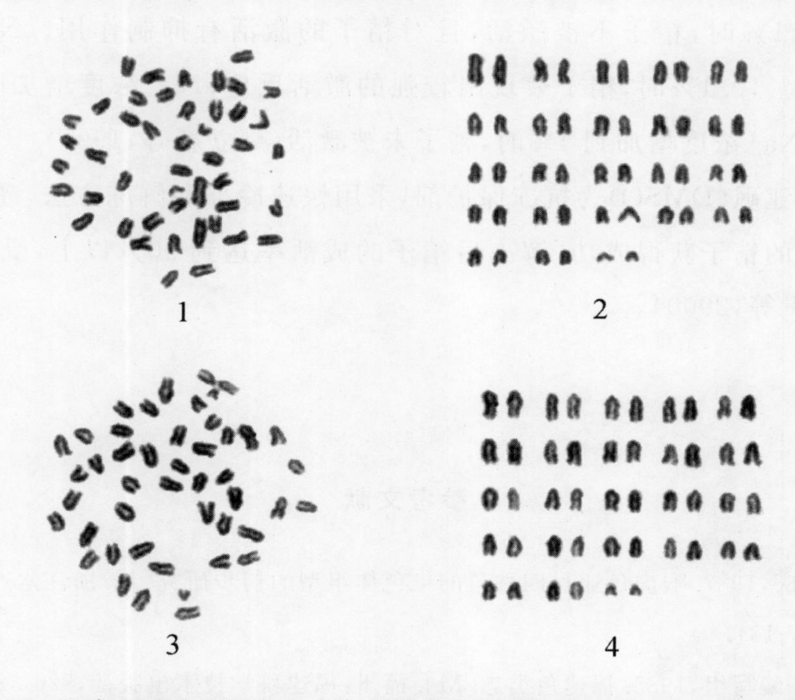

图 1-28　福建省霞浦县沿海中华乌塘鳢中期分裂相染色体（1，3）和核型（2，4）
图 1 和图 2 为雌鱼的染色体和核型；图 3 和图 4 为雄鱼的染色体和核型

第十七节　精子特性及其精液的冷冻保存

中华乌塘鳢精子的活力受到水环境中盐度、pH 值、水温、K^+、Na^+ 等各种理化因子的影响。在水温 28.0～29.5 ℃，pH 值为 7.0 的条件下，中华乌塘鳢精子在盐度为0时不能被激活或激活率很低；在盐度2.5～20.0范围内，精子被激活的百分率最高，精子的快速运动时间和总运动时间最长；在盐度25或以上时，精子活力迅速减弱，当激活盐度达到40时，精子完全不能被激活。在水温28～29 ℃、盐度7.5的条件下，pH值在5.4～9.0范围内，精子都可被激活；pH值在6.2～8.2范围内，精子的活力较强，精子的快速运动时间和总运动时间最长；当pH值低于6.2或高于8.2时，精子的活力明显减弱。在水温28.5 ℃，pH值为7.0的条件下，K^+浓度为0.6%～0.9%范围内，精子有较弱的激活反应；当K^+浓度增加到1%时，精子不被激活，且对精子的激活有抑制作用。Na^+浓度为0.25%，0.5%，0.1%时，精子表现出较强的激活反应；Na^+浓度增加时，精子活力减弱；当Na^+浓度增加到4%时，精子未被激活(周立新等，1995)。

以二甲亚砜(DMSO)为抗冻保护剂，采用快速冷冻和解冻方法，超低温保存中华乌塘鳢的精子获得成功，解冻后精子的成活率达到90%以上，受精率80%以上(江世贵等，2000)。

参考文献

费志清，陶荣庆，1987.暇虎鱼亚目四种鱼的染色体组型的初步研究[J].浙江水产学院学报，6(2)：127-131.

《福建鱼类志》编写组，1985.福建鱼类志[M].福州：福建科学技术出版社，326-327.

戈　薇，2008.野生和养殖中华乌塘鳢染色体核型和Ag-NORs的研究[D].厦门：厦门大学.

何辉成，1997.中华乌塘鳢人工繁殖技术的研究[J].水产科学，16(2)：18-20.

何振邦，2008.中华乌塘鳢性分化及早期性腺发育研究[D].厦门：厦门大学.

何振邦，洪万树，陈仕玺，等，2009.中华乌塘鳢精子入卵过程的扫描电镜观察[J].厦门大学学报(自然科学版)，48(1)：128-133.

洪万树，吴秋艳，张其永，2009. 中华乌塘鳢血清性类固醇激素含量与性腺发育的关系及其季节变化[J].厦门大学学报(自然科学版)，48(2)：274-277.

洪万树，张其永，陈仕玺，等，2006.性信息素诱发中华乌塘鳢(*Bostrichthys sinensis*)产卵的应用研究[J].海洋与湖沼，37(6)：541-547.

洪万树，赵卫红，马细兰，等，2004. 性外激素诱发中华乌塘鳢产卵的初步研究[J]. 水产学报，28(3)：225-230.

江寰新，尤永隆，林丹军，等，2004. 中华乌塘鳢鱼精巢的形态结构观察[J]. 福建农林大学学报(自然科学版)，33(1)：89-93.

江世贵，苏天凤，喻达辉，等，2000. 中华乌塘鳢精子的生物学特性及其超低温保存[J]. 水产学报，24(2)：119-122.

赖晓健，洪万树，王桂忠，等，2011. 中华乌塘鳢嗅觉系统孕酮受体的免疫细胞化学研究[J]. 中国水产科学，18(5)：1043-1050.

李慧梅，张　丹，施品华，1987. 中华乌塘鳢胚胎及仔稚鱼发育的初步研究[J]. 海洋学报，9(4)：480-488.

李志杰，2010. 中华乌塘鳢生殖内分泌的研究[D]. 厦门：厦门大学.

马细兰，洪万树，柴敏娟，等，2003. 中华乌塘鳢对性外激素嗅电反应的比较[J]. 厦门大学学报(自然科学版)，42(6)：781-786.

马细兰，洪万树，张其永，等，2005. 中华乌塘鳢嗅觉器官的形态结构[J]. 中国水产科学，12(5)：525-530.

孟庆闻，苏锦祥，廖学祖，1995. 鱼类分类学[M]. 北京：中国农业出版社，847-897.

沈亦平，王孝举，陈晓汉，等，1994. 中华乌塘鳢染色体核型研究[J]. 武汉大学学报(自然科学版)，(4)：120-122.

苏跃中，全汉锋，郑智莺，等，1995. 中华乌塘鳢胚胎及仔稚鱼发育的观察[J]. 福建水产，(2)：1-7.

吴仁协，洪万树，张其永，等，2006. 大弹涂鱼和中华乌塘鳢肠刷状缘膜消化酶活性的比较[J]. 动物学报，52(6)：1088-1095.

吴仁协，洪万树，张其永，等，2007. 中华乌塘鳢成鱼消化酶活性的研究[J]. 厦门大学学报(自然科学版)，46(1)：118-122.

叶海辉，朱艾嘉，黄辉洋，等，2006. 中华乌塘鳢消化道内分泌细胞的鉴别与定位[J]. 厦门大学学报(自然科学版)，45(4)：545-548.

张邦杰，毛大宁，张邦豪，等，1997. 中华乌塘鳢的池养生物学与养成技术研究[J]. 海洋科学，(5)：15-18.

张健东，2002. 中华乌塘鳢的生长、生长模型和生活史类型[J]. 生态学报，22(6)：841-846.

张健东，陈　刚，2002a. 中华乌塘鳢耗氧率和窒息点的研究[J]. 水产养殖，(4)：28-31.

张健东,陈　刚,2002b.中华乌塘鳢个体生殖力的研究[J].湛江海洋大学学报,22(1):7-12.

张健东,叶富良,2001.中华乌塘鳢生物学及其养殖[M]//陆忠康主编.简明中国水产养殖百科全书.北京:中国农业出版社,694-702.

张其永,洪万树,陈仕玺,等,2004.雄性中华乌塘鳢贮精囊的结构与功能[J].动物学报,50(2):269-278.

赵卫红,洪万树,张其永,等,2004.中华乌塘鳢(*Bostrichthys sinensis*)和大弹涂鱼(*Boleophthalmus pectinirostris*)成熟产卵过程中17α-羟基孕酮和前列腺素水平的研究[J].海洋与湖沼,35(1):69-73.

赵卫红,洪万树,张其永,等,2005.中华乌塘鳢野生和养殖群体血清中性类固醇激素以及性腺中17α-P和前列腺素含量的比较研究[J].厦门大学学报(自然科学版),44(增刊):195-199.

钟爱华,李明云,2002.中华乌塘鳢的生物学特性及人工育苗研究进展[J].浙江海洋学院学报(自然科学版),21(3):269-272.

周立新,苏天风,江世贵,1995.中华乌塘鳢精子生物学特性的研究[J].水产科技,(47):18-20,28.

左明杰,2010.壬基酚和雌二醇对中华乌塘鳢性腺发育和精子活力的影响[D].厦门:厦门大学.

ARAI A, KATSUYAMA I, SAWADA Y, 1974. Chromosome of Japanese gobioid fish (Ⅱ)[J]. Bull. Natn. Sci. Mus. Tokyo, 17(4):269-279.

CHEN S X, HONG W S, ZHANG Q Y, *et al.*, 2006. Rates of oxygen consumption and tolerance of hypoxia and desiccation in Chinese black sleeper (*Bostrichthys sinensis*) and mudskipper (*Boleophthalmus pectinirostris*) embryos[J]. Acta Oceanologica Sinica, 25(4):91-98.

HONG W S, CHEN S X, ZHENG W Y, 2006. Hermaphroditism in cultured Chinese black sleeper (*Bostrichthys sinensis L.*)[J]. Journal of the World Aquaculture Society, 37(4):363-369.

第二章
中华乌塘鳢人工繁殖与育苗技术

早期中华乌塘鳢养殖所需的苗种均靠自然海区采捕，但由于长期的酷捕，野生资源明显减少，苗种已远远供不应求，使得中华乌塘鳢的养殖发展受到了限制。因此，开展中华乌塘鳢人工育苗是解决苗种来源的唯一途径。陈兴乾等(1985)首先报道了中华乌塘鳢人工育苗获得成功，孵化仔鱼经70天培育，最大全长达到4.6 cm。福建省闽东水产研究所1991—1994年连续4年开展了中华乌塘鳢的工厂化人工育苗技术研究，4年总育苗量达到101万尾(苏跃中等，1995)。广西海洋研究所于1992年开始进行中华乌塘鳢人工育苗研究，并获得了成功，3年来累计育苗总数达200多万尾(谭凡民，1996)。近30多年来，中华乌塘鳢育苗技术不断改进和创新，目前已形成了一套比较完整且成熟的人工繁殖与育苗技术工艺。中华乌塘鳢人工繁殖和苗种培育主要在每年的5—6月繁殖盛期进行，育苗场主要集中在福建省东山县和广西省等地沿海地区，年生产苗种已达到数千万尾，基本上可以满足成鱼养殖对苗种数量的需求。

第一节　育苗场建设和育苗设施

育苗场选择在水质良好、无工业和农业污染、有淡水源、交通方便和电力充足的地方建设。一座规范的育苗场包括以下几个部分。

一、亲鱼培育池

亲鱼培育池有两种，一种是室内亲鱼培育池，另一种是室外亲鱼培育池。室内亲鱼培育池为钢筋水泥结构，有长方形，每口面积 24 m^2（长 6 m×宽 4 m），高 1 m；也有圆形，直径 4～5 m，高 1 m。室外亲鱼培育池为土池，每口面积以0.5～1.0 亩[①]为宜，深 1.5 m，池子结构与成鱼养殖池塘相似。室内和室外亲鱼培育池均需在池底放置聚氯乙烯（PVC）管道供亲鱼栖息。

二、产卵池

产卵池建在室内，为钢筋水泥结构，每口面积 12 m^2（长 4 m×宽 3 m）或 24 m^2（长 6 m×宽 4 m），高 1.5 m。

三、孵化育苗池

孵化育苗池建在室内，为钢筋水泥结构，长方形，每口面积24 m^2（长 6 m×宽 4 m），高 1.5～1.8 m（图 2-1），可以作为受精卵孵化池，也可作为苗种培育池。孵化育苗池分为左右两排，每排10～12 个池，两排中间间隔 1.2～1.5 m，间隔的上方为水泥（或木板）盖板，作为育苗操作过道；底部为排水沟，各个池的废水汇入排水沟内（谢忠明，2002）。

四、饵料培养池

饵料培养池包括单胞藻培养池、轮虫和桡足类培养池、卤虫孵化池等。饵料培养池建在室外，为钢筋水泥结构。单胞藻培养池每口面积 1～2 m^2，深 0.8 m，池底和池内壁贴白瓷砖；轮虫和桡足类培养池每口面积 4～6 m^2，深 1.5 m；卤虫孵化池为圆形，每口面积 1.0 m^2，深 0.8 m，池底呈圆锥形，底部留有一个排水孔。饵料培养池上方搭盖透明波纹瓦，以利于采光和遮雨。

---

① 1 亩≈666.67 m^2。

图 2-1　中华乌塘鳢孵化育苗池(附彩图)

五、沉淀池、过滤池和蓄水池

沉淀池、过滤池和蓄水池均建在室外，沉淀池为土池或水泥池；过滤池和蓄水池为钢筋水泥结构，位置高于育苗场。沉淀池面积 1～2 亩，池深 1.5～2.0 m；过滤池面积 12～24 m^2，池深 2.0 m，底部从上到下铺设细砂→粗砂→碎石→100～120 目筛绢网→有孔木板；蓄水池的池深 2.0 m，体积为育苗场总水体体积的 1/3～1/2，池上方用黑布遮盖，以防止藻类繁殖。沉淀池、过滤池和蓄水池需要定期清洗。

六、供水系统、供气系统和加温设备

室内亲鱼培育池、产卵池、孵化育苗池和室外饵料培养池均布设进水管道和水流量控制阀门。根据育苗场面积的大小，配置1～2台1 kW～3 kW的空气压缩机，将供气管道引入亲鱼培育池、产卵池、孵化育苗池和饵料培养池，在池底布设（或在池中间吊挂）散气石（1～2个/m^2）（图2-1）。在每个产卵池和孵化育苗池底部布设一个"U"形的不锈钢蒸汽加热管，并配置一台小型锅炉提供蒸汽。

七、抽水设备

每座育苗场需在清洁水源处建立一个抽水站，并配备2台功率为3 kW的抽水机，将海水引入沉淀池。

八、卤虫孵化桶

每个育苗场需要配备20～30个底部呈锥形的圆形玻璃钢卤虫孵化桶（体积0.5 m^3/个），用卤虫孵化桶孵化卤虫卵可以提高孵化率和方便卤虫无节幼体的收集。

第二节　亲鱼的选择和运输

一、亲鱼的来源和选择

2000年以前，中华乌塘鳢野生资源较为丰富，亲鱼从自然海区捕获，个体大小差异比较明显。2000年以后，中华乌塘鳢野生资源衰退，亲鱼大多从养殖群体中挑选，个体大小比较整齐。

雌鱼选择体质健壮、体表无受伤、腹部膨大松软、卵巢轮廓明显、泄殖乳突膨大呈深红色、卵巢呈橙黄色、卵巢膜薄、血管粗大、卵粒清晰且均匀透亮、性腺成熟度为Ⅳ期的个体（图2-2）。雄鱼选择泄殖乳突浅红色且呈三角形的个体。雌、雄鱼体质量均为100 g/尾以上，雌、雄性比为1∶1。

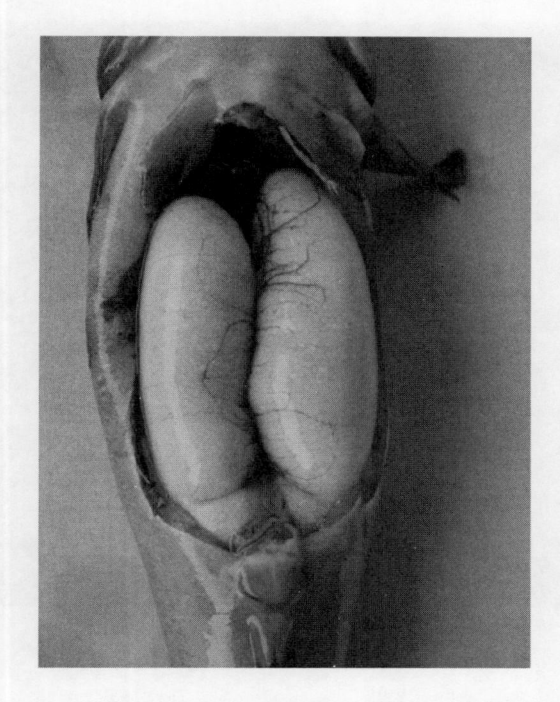

图 2-2　性腺Ⅳ期的中华乌塘鳢雌鱼(附彩图)

二、亲鱼的运输

(一)运输前的准备

亲鱼运输前在水泥池暂养 24 h,每平方米水体布置一个散气石,连续充气,同时停止投饵,以排空肠胃食物。夏秋季运输时,将池水温度逐渐降低至 20～22 ℃;冬春季(环境温度低于 20 ℃)运输时,不需降低水温。

(二)装箱

捞起经过暂养排空食物后的中华乌塘鳢,将其紧密排列放置于泡沫箱的分层内,然后将 6～9 个分层叠加在一起并以胶带固定,形成一组泡沫箱用于运输(图 2-3)。

(三)保持皮肤湿润和适宜温度

以湿润的纱布覆盖在鱼体上方,使其皮肤长时间保持湿润,以利于呼吸。夏秋季运输时,将内装有冰块的塑料袋放入泡沫箱中间的方形孔中,使运输过程中的水温保持在 18～20 ℃。

图 2-3　运输中华乌塘鳢的泡沫箱

(四)运输

将泡沫箱装上汽车、飞机或运输船,直接运输到目的地。中华乌塘鳢离水后靠鳃上器和皮肤呼吸,适用于长距离和长时间的运输。

(五)鱼体复苏

到达目的地后,卸下并打开泡沫箱,将中华乌塘鳢移入盐度为 5～10 的海水中复苏,复苏水温调节至与运输箱内的温度相近。

第三节　亲鱼的培育

亲鱼性腺发育已达到即将成熟阶段(Ⅳ卵巢)(图 2-2),不需要进行人工培育就可进行催产获取受精卵;性腺尚未达到即将成熟阶段的亲鱼,需要再进行一段时间的培育。

亲鱼培育通常在土池中进行,要求水质清澈,溶解氧充足(5 mg/L)。亲鱼入池前,先用 10 mg/L 的高锰酸钾或 200 mg/L 甲醛水溶液浸浴 10min,对鱼体进行消毒处理。我国东南沿海中华乌塘鳢的育苗时间为4—6月，此时的海水水温较低。为使中华乌塘鳢性腺加快发育，需在土池上方搭建温棚（图2-4），将水温提高至25～28 ℃。亲鱼培育密度为2～3尾/m²。在培育池中放置一些PVC管（直径10 cm，长80～100 cm）作为隐蔽物（鱼巢）。亲鱼培育期间，投喂沙蚕或鱼、虾、蟹肉和蛏肉，投喂沙蚕的效果最好，可以提高怀卵量和催产率，日投喂量为鱼体质量的8%～10%。

图2-4　中华乌塘鳢亲鱼培育池温棚

第四节　诱导产卵和采卵

一、激素催产

中华乌塘鳢亲鱼需要注射激素诱导产卵，目前常用的催产激素有人绒毛膜促性腺激素(HCG)和促黄体素释放激素类似物($LHR\text{-}A_3$),两者单独或混合使用均可。催产激素用生理盐水溶解,注射剂量和注射次数依据性腺发育程度和水温等条件而定。激素单独使用时,雌鱼每次注射 HCG 2 000 IU/kg 体质量或 $LHR\text{-}A_3$ 100 μg/kg 体质量;激素混合使用时,雌鱼每次注射 HCG 1 000 IU/kg 体质量+LHR-A 100 μg/kg 体质量,雄鱼注射剂量减半。性腺比较成熟的个体注射 1 次就可产卵,性腺发育比较差的个体需要进行第 2 次注射,2 次注射间隔 24 h。激素注射部位可以是胸鳍基部,也可以是背鳍基部肌肉。采用胸鳍基部注射时,激素比较容易进入体内,但注射时易伤到内脏器官;采用背鳍基部肌肉注射时,激素进入体内比较慢,但不会对鱼体造成损伤。育苗生产中大多采用背鳍基部肌肉注射的方法。

催产的雌、雄亲鱼性比为 1∶1。激素催熟的效应时间不仅与亲鱼的性成熟度和激素的剂量有关,还与催熟水温密切相关。同一种激素和同样的注射剂量,水温越高,效应时间越短。一般情况下,效应时间较短的为 48 h 以内,较长的为 60 h 以上。将经过激素催熟的雌、雄亲鱼,按 1∶1 移入产卵池交配产卵。激素催产期间,亲鱼基本不摄食,因此不投饵,以免水质变坏。

二、产卵和采卵

产卵池水深 0.5~0.6 m,每 1.5~2.0 m^2 布放一个散气石。以锅炉或电热器加热逐步提高水温,将水温从基础温度起每天提高 2~3 ℃,直至水温达到并稳定在 28~30 ℃。海水盐度调节为 15~20,溶解氧含量保持在 5 mg/L 以上,微充气。产卵池上方用黑布遮盖,保持弱光照环境。产卵池周围保持安静,避免干扰亲鱼的交配产卵行为。

比较早的采卵方法是在产卵池中放置一些陶瓷瓦片、陶瓷罐、塑料管、陶瓷烟囱或砖块等作为人工鱼巢供亲鱼交配产卵,受精卵依靠黏着丝黏附在人工鱼巢上,或将催熟后的亲鱼配对放入塑料桶内交配产卵(李生等,1999)。2000 年以来,福建省东山县中华乌塘鳢育苗场以直径 6 in(约 15 cm)的 PVC 管作为亲鱼的产卵巢采集受精卵。每支 PVC 管长 80~100 cm,内衬 40 目或 60 目的聚乙烯(PE)筛绢网片,网片的两端露出管口并向外翻折,用橡皮圈固定,然后放置于产卵池底部，并用砖块压住以防止产卵巢移动（图 2-5）；PVC 管的放置密度为 5～6 支/m^2。浙江省中华乌塘鳢育苗场也采用不同规格的 PVC 管（如直径 20 cm，长 50～60 cm 或直径 15 cm，长 40～60 cm）作为亲鱼的产卵巢采集受精卵（徐梅英 & 常抗美，2003）。同时在产卵池内也吊挂一些 40 目或 60 目 PE 筛绢网片，用于收集水中游离的受精卵。实践证明这种采卵方法的效果良好。亲鱼经激素注射催产后，以雌、雄性数量比1∶1放入产卵池内，放入亲鱼的数量按每支 PVC 管容纳 3～4 对亲鱼的比例计算。雌、雄亲鱼入池后自行在 PVC 管内自然交配产卵，受精卵依靠黏着丝黏附在 PE 筛绢网片上，方便采卵孵化。中华乌塘鳢受精卵呈长梨形，长径 2.6～2.7 mm，短径 2.0～2.1 mm。

图 2-5　中华乌塘鳢 PVC 管产卵巢（附彩图）

由于中华乌塘鳢雄鱼精巢小，精液量少，因此一般情况下很少采用人工授精方法获取受精卵；但如果雌鱼催产成熟后不能自然交配产卵，可考虑采用人工授精方法获取受精卵。人工授精采用半干导法，先将雌鱼的成熟卵挤出置于容器中，再解剖雄鱼取出精巢和贮精囊，用剪刀剪碎并研磨，加入少许海水激活精子，倒入容器中与卵子受精，并用羽毛轻微搅拌提高受精率。

第五节　受精卵孵化

受精卵孵化在室内孵化育苗池进行，孵化用水必须经过严格的沉淀和过滤，必要时还要经过消毒处理。孵化池上方用黑布适当遮光，光强保持在500～1 000 lx。

采用PVC管作为产卵巢时，在亲鱼产卵结束后，将亲鱼捞起，把黏附有受精卵的PE筛绢网片从PVC管内取出，洗去污物，连同吊挂在池内的PE筛绢网片，移入孵化育苗池中孵化。如果是采用人工授精方法获得的受精卵，可将受精卵均匀地泼洒在PE筛绢网片，再移入孵化育苗池中孵化。受精卵孵化时在PE筛绢网片两端系上绳子，捆绑在竹竿上，然后将竹竿架在孵化池的上方，黏附有受精卵的网片悬挂在孵化池中孵化（图 2-6）。受精卵的孵化密度为20 000～30 000粒/m^3。如果黏附在产卵池底部和池壁的受精卵比较多，在移出PVC管

图 2-6　黏附受精卵的PE筛绢网片吊挂在孵化池中孵化（附彩图）

产卵巢后，可以直接加水在原池孵化，再将仔鱼移入育苗池中培育，但这种受精卵的孵化率低。

孵化池水深 0.8～1.0 m，保持微量充气，避免充气过大将黏附于 PE 筛绢网片上的受精卵冲落，池水溶解氧含量在 5 mg/L 以上。受精卵孵化早期添加水，中后期根据具体情况适量换水，每天换水 10%～20%。受精卵孵化的时间长短主要与水温有关，在水温 27～29 ℃、盐度 25～26 的条件下，60～70 h 后仔鱼开始陆续孵出，至全部仔鱼孵出需要 150 h 以上，迟孵出的仔鱼畸形率高。

中华乌塘鳢受精卵为黏性卵，卵膜膨胀成椭圆形，容易脱落和破损，因此孵化操作过程中应小心谨慎，以免影响受精卵的孵化率。孵化过程中应及时清除脱落的坏(死)卵和黏附在 PE 筛绢网片上的污物，并进行池底吸污。

第六节　苗种培育

中华乌塘鳢仔鱼孵化后一般都在原池进行苗种培育，因为收集仔鱼移入其他池会损伤其鳍膜，引起仔鱼大量死亡。当 PE 筛绢网片上的受精卵基本孵化后，将 PE 筛绢网片从孵化池中移出，逐渐加水至水深 1.2～1.4 m，进行仔、稚、幼鱼培育。

一、培育密度

根据幼体的不同发育阶段控制培育密度，仔鱼的培育密度为 16 000～20 000尾/m^3，稚鱼的培育密度为 8 000～12 000 尾/m^3，幼鱼的培育密度为6 000～8 000 尾/m^3。

二、环境条件

春季育苗时一般水温偏低，因此育苗过程中可使用锅炉或加热棒加热水体，水温保持在 26～28 ℃。在苗种培育过程中，盐度保持在 15～20，pH 值在 8.0～8.4，溶解氧含量在 5 mg/L 以上，氨氮含量控制在 0.3 mg/L 以下，光照强度控制在 1 000 lx 以下。育苗期间采用散气石充气，散气石密度为 1～1.5 个/m²。早期微量充气，使水面呈气泡状，中后期逐渐加大充气量。

三、饵料投喂

仔鱼孵化后第 3 天即可开口摄食，此时开始投喂饵料生物。由于中华乌塘鳢仔鱼开口时口裂大（约 0.48 mm），因此开口饵料可投喂褶皱臂尾轮虫和卤虫无节幼体，轮虫密度 5～10 只/mL，卤虫无节幼体密度 1～2 只/mL。仔鱼后期（6～22 日龄）以卤虫无节幼体为主（密度 2～3 只/mL），增加投喂桡足类无节幼体和桡足类幼体（4～5 只/mL）。稚鱼期（23～29 日龄）投喂卤虫无节幼体（密度 3～4 只/mL）、桡足类无节幼体和桡足类幼体（密度 5～6 只/mL），增加投喂桡足类成体（密度 2～3 只/mL）。幼鱼期（32 日龄以后）投喂桡足类成体（密度 3～4 只/mL）、卤虫成体（密度 2～3 只/mL）和鱼虾贝肉糜。

轮虫可以直接用面包酵母培育后投喂；卤虫无节幼体孵化后要及时投喂，时间长营养价值会降低；桡足类用 100 目的浮游生物网从饵料培养土池中采集，也可向供应商购买，投喂前根据仔、稚、幼鱼个体大小用 40～60 目筛绢网过滤并清洗，除去杂物后投喂；鱼虾贝肉糜投喂前洗去可溶部分，然后根据幼体不同发育阶段的口径大小，用筛绢网过滤筛选出适合口径的颗粒碎片直接投喂，或拌鱼粉投喂。

由于中华乌塘鳢为肉食性鱼类，肠管粗短，食物的消化速度快，因此鱼虾贝肉糜的投饲方式以少量多次为宜，以免浪费饵料。

育苗早期保持池水中有一定数量的单胞藻（如小球藻等），使水呈绿色，以增加水中的氧气含量，稳定水质，同时单胞藻还可兼作轮虫的饵料。

投饵量视幼体的摄食活动、残饵量、水质和水温情况而定。中华乌塘鳢对营养要求不像其他海水鱼，轮虫和卤虫不经强化也可使用，对其生长发育基本没有影响；但增强营养对提高鱼体的免疫力、增加活力、防止病虫害的发生有重要作用（钟爱华 & 李明云，2002）。

四、换水和吸污

仔鱼早期采用添加水的方式，每天加水 5～10 cm；仔鱼后期和稚鱼前期每天换水 10%～20%；稚鱼后期和幼鱼期增加换水量，每天换水 40%～50%。进入幼鱼期也可采用流水培育的方式。添加水和换水时，温差和盐度差一般不超过 3 ℃和 5。稚鱼后期，池底积累了残饵、排泄物、死亡尸体和其他污物，容易引起水质败坏，因此每天或每两天要用虹吸方法吸底清污 1 次（李生等，1999）。

五、日常观察

每天观察饵料密度的变化以及幼体的活动和摄食情况，记录水温、盐度、溶解氧含量等水质参数的变化（竺俊全 & 李明云，2000），定期测定幼体的生长（体长、体质量）。

经过 32～35 天的培育，幼体全长可达到 2.0～2.5 cm，已变态为早期幼鱼，外形与成鱼相似，生活习性与成鱼相同，此时可转入中间培育阶段。

第七节　病害防治

受精卵孵化过程中应及时清除死卵和污物，每天或隔天泼洒 1～2 mg/L 的抗菌药预防疾病发生。

在中华乌塘鳢苗种培育过程中，常见的疾病有肠炎和皮肤溃疡病，而且两者经常并发。

症状：感染初期，体色呈斑块状褪色，食欲不振，在水面缓慢浮游；感染中期，鳍基部、躯干部等发红或出现斑点状出血；感染后期，吻端或鳍膜糜烂，患部组织浸润，呈出血性溃疡，肛门红肿外翻形成水泡状。病害发生时传染较快，死亡率高。

病因：饵料变质，水质变坏。

防治方法：预防措施是在饵料中添加 1%～2%的土霉素，每2～3天投喂一次；勤换水，保持水质清新；全池泼洒 1 mg/L 漂白粉，每 10～15 天泼洒一次。治疗时全池泼洒 2 mg/L 漂白粉，每日泼洒一次，连续 3 日，可控制病情的发展。泼洒漂白粉时先将水位降低，施药 2～ 3 h 后进水至最高水位，以稀释药物的浓度（谢春宏等，1997）。

病害发生与饵料质量、病原体、水温、水质、底质、鱼体免疫力等有关，原因较复杂。因此，对病害的防治应采取"预防为主、治疗为辅、防治结合"的原则，不要投喂变质的饵料，育苗用水要经过严格的沉淀和过滤，育苗期间水温变化不要太大，定期进行池底吸污，保持池水生态环境稳定，定期投喂含抗生素的药饵。

苗种培育过程中的其他病害及其防治参考第三章中华乌塘鳢成鱼养殖技术中的病敌害及其防治。

第八节　注意事项

一、危险期

中华乌塘鳢育苗过程中有 2 个危险期（李生等，1999），第 1 个是仔鱼孵化后的第 4～5 天，卵黄即将或已消失，营养类型发生转变，即由依靠卵黄的内源性营养转变为依靠外界食物的外源性营养，此时生理变化大，出现较高的死亡率。第 2 个是第 15～20 天的稚鱼期，此时是形态变化的关键期，营养不足和环境不适宜也会出现较高的死亡率。因此，仔鱼和稚鱼期应特别注意保持水质清澈，在育苗水中接入小球藻以降低氨氮含量，增加溶解氧含量，改善水质，创造良好的水环境，并及时提供充足、适合的饵料。

二、互相残杀现象

中华乌塘鳢属于凶猛的肉食性鱼类，幼鱼发育生长到全长 2.0 cm 后就会出现互相残杀现象，特别是在饵料不足和个体大小差异较大时，互相残杀现象更为明显。为了避免发生这种现象，必须控制培育密度，保持育苗池中有充足的饵料，当个体大小差异太大时要及时进行分级培育。

参考文献

陈兴乾，梁海鸥，肖耀兴，1985. 中华乌塘鳢人工育苗初报[J]. 热带海洋，4(1)：88-90.

李　生，肖锦平，佘忠明，1999. 中华乌塘鳢的育苗技术[J]. 上海水产大学学报，8(1)：48-52.

谭凡民，1996. 中华乌塘鳢育苗与养殖试用规范[J]. 广西科学院学报，12(1)：34-38.

苏跃中，全汉锋，郑智莺，等，1995. 中华乌塘鳢胚胎及仔稚鱼发育的观察[J]. 福建水产，(2)：1-7.

谢春宏，张万隆，李　芳，等，1997. 中华乌塘鳢的苗种生产[J]. 科学养鱼，(8)：20-21.

谢忠明，2002. 大弹涂鱼和中华乌塘鳢养殖技术[M]. 北京：中国农业出版社.

徐梅英，常抗美，2003. 中华乌塘鳢生态育苗试验[J]. 科学养鱼，(11)：12-13.

钟爱华，李明云，2002. 中华乌塘鳢的生物学特性及人工育苗研究进展[J]. 浙江海洋学院学报(自然科学版)，21(3)：269-272.

竺俊全，李明云，2000. 中华乌塘鳢生物学特性及苗种生产技术[J]. 河北渔业，(2)：15-16，26.

第三章

中华乌塘鳢成鱼养殖技术

中华乌塘鳢具有生长快、生命力强、能够长时间鲜活运输等特点，其肉质鲜嫩、营养丰富，具有促进伤口愈合的功效，深受广大群众喜爱，市场价格 100～120 元人民币/kg。我国的福建省、广西壮族自治区、广东省和浙江省是养殖中华乌塘鳢的主要省份，福建养殖主要集中在漳州市和宁德市沿海地区，广西养殖主要集中在防城、合浦等沿海地区。中华乌塘鳢既可单养，也可以与对虾混养，养殖产量高，经济效益显著，亩产可以达到 250～400 kg，年产值 3.0～4.8 万元人民币/亩，亩利润 1.5～2.4 万元人民币。

第一节　养殖鱼塘的建造及环境条件

中华乌塘鳢主要采用土池养殖方式。养殖鱼塘应选择在河口或港湾以及淡水水源充足的沿海地带建造，也可利用池水较浅的低产虾塘稍加改造而成（张良尧，2002）。每口养殖鱼塘面积不宜太大，一般以 2～4 亩为宜，便于进排水、清污消毒、投饵、观察养殖鱼的活动和摄食情况等。在鱼塘的相对方向各建造 1 个进水口和出水口，以供进排水之用，水深 1.5 m 左右；池底平坦，保水性能好，底质以较硬的黏土或壤土为宜，鱼塘四周挖深 0.5 m、宽 2.0 m 的环沟（图 3-1）。中华乌塘鳢营穴居生活，因此塘埂要夯实、坚实无渗漏，塘内四周要直埋 PE 网片，以防养殖鱼挖洞逃逸。每亩鱼塘配备 1～2 台 0.75 kW 水车式增氧机，在凌晨

图 3-1　中华乌塘鳢养殖池塘(福建省东山县)(附彩图)

或当溶解氧含量降低到 4 mg/L 以下时开启。

第二节　清塘消毒

已养殖过的旧鱼塘,在苗种放养前,应先将鱼塘水排干,清除塘底淤泥和杂物,曝晒 1 个星期左右。在投放苗种前 10 天,每亩鱼塘用生石灰 100～150 kg 或 30 g/m^3 水体的漂白粉(有效氯 32%)进行全池泼洒消毒,每亩鱼塘也可以用 10 kg 的茶粕全池泼洒消毒,以杀死敌害生物和病原体。消毒后 5～7 天进水,用 40～60 目筛绢网过滤。

第三节　苗种来源

2000 年以前，中华乌塘鳢养殖苗种有野生苗和人工苗两种。野生苗在中华乌塘鳢繁殖期间从自然海区捕获，采用的捕捞网具有地龙网（火车网）等。地龙网呈长方柱形，两端尖，用 PE 网线编制而成，长 5～10 m，高 40～60 cm，宽 50～80 cm，由多节组成（7～16节），每节用方形钢筋、竹片、铁丝框等固定成形，每相连两节的进口方向相反，内均有网片做成的倒须，最后一节为网囊，盛纳渔获物（图 3-2）。作业时，根据中华乌塘鳢苗种喜欢栖息于软泥底、多水草的浅水港湾处的习性，将地龙网敷设在池塘中或港湾流水处，中华乌塘鳢苗种溯水、洄游或寻食时误入网内而被捕，每天早晚各收获 1 次。收获时只要提起网囊，倒出渔获物即可（赵青松 & 金珊，2005）。渔获物中可能混杂其他种类的鱼苗（如虾虎鱼苗等），因此要进行苗种鉴别。中华乌塘鳢体黑褐色，鳞片细，体侧有暗褐色小斑纹，尾鳍基底上端有 1 个黑色大眼状斑，斑周为白色，依此特征可鉴别出中华乌塘鳢鱼苗。然而规格小的中华乌塘鳢苗种（15 mm 以下）与其他苗种较难区分，所以一般将捕到的小苗放在网箱中暂养几周后，待其长到 20 mm以上时再进行种类鉴别。

图 3-2　地龙网

由于自然海区中华乌塘鳢资源衰退，自然苗种数量有限，而且个体大小参差不齐，养殖管理比较困难，因此自2000 年以后，我国中华乌塘鳢养殖的苗种绝大多数是放养人工培育的苗种。然而，还有一些养殖户收集自然海区苗种进行养殖，这种苗种规格较大，一般 20～50 g/尾。放养自然苗种时，要挑选活力强、无受伤和体表光滑呈灰色的个体。

第四节　苗种运输

育苗场人工培育的中华乌塘鳢苗种个体大小比较整齐，一般全长达到 2.5 cm时就可出池。短途运输时，可在车内安放帆布袋，每 100 L 水体装全长 2.5～3.0 cm 鱼苗 4 万～5 万尾，持续充气。大规格的苗种，适当减少装苗密度。长途运输时，以塑料薄膜袋（30 cm×30 cm×70 cm）为包装容器，先往袋内装入 7～8 L 海水（占塑料袋体积的 1/3），然后将苗种装入袋内，每袋装全长2.5～3.0 cm鱼苗 2 000～3 000 尾，再往袋内充入纯氧气（占塑料袋体积的 2/3），最后用橡皮筋将袋口扎紧（图 3-3），装上运输车运往目的地。若气温较高（>28 ℃），

图 3-3　塑料薄膜袋包装的中华乌塘鳢苗种

则在运输途中可放一些冰块在塑料袋周围，将水温控制在 25 ℃以下。苗种运到养殖池塘后，以帆布袋运输的鱼苗，用塑料桶连水带苗取出，缓慢放入苗种中间培育池内；以塑料薄膜袋运输的鱼苗，先将塑料袋放入池塘水面上漂浮 5～10 min，待塑料袋内水温与池塘水温接近时，再解开袋口，将鱼苗缓慢放入苗种中间培育池内，以提高苗种的成活率。

由于中华乌塘鳢耐干燥能力强，因此自然海区采捕的大规格苗种也可采用无水的运输方法，即将苗种直接装入木框箱(长 60 cm×宽 40 cm×高 55 cm)，每箱装 4 000～5 000 尾，运输前用淡水泼洒湿润皮肤。

第五节　苗种中间培育

刚从育苗场购买来的苗种个体小、体质较弱，在进入成鱼养殖前需要进行 1～2个月的中间培育，这样有利于提高养殖成活率和节省饵料成本。通常是在成鱼养殖池塘内用 40 目筛绢网围隔一块面积占养殖池塘面积 1/10～2/10 的水面，作为苗种中间培育池，池内放置一些直径 5 cm、长 50～60 cm 的 PVC 管作为隐蔽物(鱼巢)，每亩放置 100 支左右。全长 3 cm 的苗种中间培育密度控制在 30 000～40 000 尾/亩。

根据不同地区的水温条件，我国东南沿海每年中华乌塘鳢苗种的放养时间在 4—6 月。大小规格相似的苗种，可以放养于同一养殖池塘；大小规格不同的苗种，必须放养于不同的养殖池塘。苗种投放前的 3～4 天，施放碳酸氢铵或尿素(500～1 000 g/亩)和过磷酸钙(50～100 g/亩)或发酵的有机肥(50 kg/亩)培养池水中的浮游生物，待水色呈黄绿色、透明度为 30～40 cm 时，再投放苗种。中间培育初期，池水深度以 50～60 cm 为宜，以利于浮游生物的繁殖。随着苗种的生长，逐渐将水位加高。苗种中间培育期间水质管理参考成鱼养殖。

苗种中间培育的饵料为小杂鱼、虾、蟹和鳗鱼配合饲料，先将小杂鱼、虾、蟹搅拌成肉糜，添加少量的鳗鱼粉做成团块，在早上和傍晚各投喂 1 次，早上投 30%，傍晚投 70%，日投饵量为鱼体质量的 20%～30%。在中间培育池内设置饵料台，每次投饵后 2 h 要检查鱼苗的摄食情况，以 2 h 内吃完饵料为宜，及时调整投喂量。

韦加腾等(2000)研究表明，以进口白鱼粉为主要成分、添加适当的诱食剂配制成的人工配合饵料投喂 45 日龄(长约 2.2 cm)的中华乌塘鳢人工繁育鱼苗 2 个月后的结果显示，人工配合饵料组鱼苗增重和成活率均高于鲜小杂鱼组(即对照组)，其中增重最快的人工配合饵料组在试验结束时均重达 3.047 g/尾，成活率达 84.6%，而对照组均重 1.226 g/尾，成活率为 62.0%。但当配方中的白鱼粉全部用国产红鱼粉代替时，饲养效果不如对照组。

第六节　成鱼养殖(单养)

一、养殖密度

当人工培育的苗种经过 30～40 天的中间培育后，全长达到5.0～6.0 cm 时，即可转入成鱼养殖。此时应移去中间培育时的筛绢围网，让苗种游入大池，每亩养殖密度控制在 4 000～5 000 尾。如果放养自然海区的中华乌塘鳢苗种，则尽量要求野生苗种个体大小相对整齐、体表无伤病、健壮灵活，放入养殖池塘前用 10 mg/L 的高锰酸钾溶液浸泡 5～10 min 进行消毒，以免将病原菌带入养殖池塘。鱼塘内放置一些 PVC 管(直径 10 cm，长 80～100 cm)作为隐蔽物(鱼巢)(图 3-1)，PVC 管两个开口放置的方向与鱼塘的进排水口平行，每亩鱼塘放置 200 支左右，以减少养殖鱼在塘内打洞，防止个体间的相互残杀，方便成鱼收获。

中华乌塘鳢对池水中的低溶解氧量忍耐度极高，单位水体的群体负载量相当大，在 0.75～1.5 kg/m^2，适宜于高密度养殖(张邦杰等，1997)。

二、饵料和投喂

中华乌塘鳢为肉食性鱼类，投喂的饵料为鲜活或冰冻的小鱼、虾、蟹、贝肉等，适当添加少量的鳗鱼配合饲料。投喂时，先将饵料冲洗干净，然后切成小块，大小根据鱼体大小而定；也可以先将小杂鱼加工成鱼糜，然后与鳗鱼粉和面粉搅拌成团块投喂，小杂鱼、鳗鱼粉和面粉3者的比例为7：1.5：1.5。

饵料沿鱼塘周边投放，每天傍晚6时投饵一次，投饵量为鱼体质量的3%～5%，视天气、水温、水质、摄食强度等情况及时调整。夏秋季，水温高，养殖鱼生长快，加大投饵量；冬春季，水温低，养殖鱼生长慢，减少投饵量。夏季水温高于32 ℃时，摄食量减少；冬季水温低于12 ℃时，基本不摄食（刘振勇，1996）。

每亩鱼塘设置3～4个饵料台，饵料台要经常清洗、消毒和曝晒。每次投饵后2 h要检查养殖鱼的摄食情况，以2 h内吃完饵料为宜，及时调整投喂量。饵料做到定时、定点和定量投喂。以小杂鱼虾为饲料投喂中华乌塘鳢，养殖到商品规格饵料系数为5.0～8.0。

不投喂腐烂变质或骨刺多的小杂鱼，防止伤害中华乌塘鳢的肠胃和引起肠胃炎，避免污染鱼塘水质。

三、水质调控

养殖池塘应定期适当换水以改善水质，根据养殖池塘的位置和地点利用潮差或使用水泵进行换水。夏秋季，水温高，养殖鱼摄食量大，残饵和排泄物较多，一般情况下7～10天换一次水，每次换水量为鱼塘水量的30%～50%；冬春季可以适当延长换水天数和减少换水量，每20～30天换水一次，每次换水量为鱼塘水量的20%～30%。夏秋季早上换水，冬春季中午或下午换水，以调控池水温。

鱼塘水位保持在1.5 m左右，溶解氧含量在5 mg/L以上，氨氮含量在0.5 mg/L以下，亚硝酸盐含量在0.3 mg/L以下，pH值为7.8～8.5。池水pH值大于8.5时，及时用腐殖酸钠、碳酸钙等调节缓冲（苏春福，2008）。凌晨时段，池水比较容易缺氧，必须开启增氧机增氧。中华乌塘鳢是一种广盐性鱼类，对盐度适应范围广，但最佳生长发育的盐度范围为5～15。若池水盐度超过25，则生长缓慢，这时有条件的养殖池塘应当引入淡水以降低池水盐度。

养殖池塘应结合换水和施肥调节水色，使池水颜色达到最佳状态，透明度控制在25～30 cm。池中可投入光合细菌、芽孢杆菌等微生物制剂，以改善水质。

四、鱼巢清淤

中华乌塘鳢成鱼养殖周期较长，在养殖过程中，残饵和排泄物多淤积于鱼巢内，如果不及时清理消毒，常会引起鱼病。因此，养殖期间每隔两个月进行一次鱼巢清淤。具体的操作是，将池水排出至露出池底，将鱼虾驱赶至环沟，清除鱼巢(PVC管)内积聚的残饵、粪便和淤泥，并用25 mg/L高锰酸钾溶液浸泡鱼巢消毒2 h后放置于新地方(严天鹏，2006)，然后注入新水。如果发现有病鱼，应及时隔离治疗。有条件的地方，鱼巢清淤可以结合移池进行，即将消毒后的鱼巢放置在新池，同时将养殖鱼移入新池继续饲养。

五、生长测定

养殖期间，每隔1个月随机抽样测定养殖鱼的生长情况(包括体长、体质量等生物学参数)。在鱼巢清淤的同时，会有些中华乌塘鳢留在鱼巢内，这时也可以进行生长测定，了解养殖鱼的生长情况，为投饵量提供参考依据。

六、巡　塘

每天早、晚各巡塘一次，观察池水颜色和鱼的活动以及摄食情况，发现水质变坏要及时换水；发现鱼活动异常应立即检查、诊断，确定所患疾病并及时治疗。

暴雨天气和闷热低气压时，减少投料，开增氧机增氧，防止中华乌塘鳢缺氧浮头。经常检查池岸是否牢固、有无渗漏水，查看闸板、进排水网有无破损，防止养殖中华乌塘鳢逃逸。

七、越冬和防暑管理

我国东南沿海省份10月下旬或11月后水温已下降，此时尚未达到上市规格的中华乌塘鳢需要进行越冬管理。当冬季水温低于16～17 ℃时，中华乌塘鳢生长明显减缓；水温低于12 ℃时，一般不摄食；低于4～5 ℃，就会出现冻鱼死的现象。因此，冬季水温降低时应在池上方搭建塑料温棚，以提升水温(18 ℃以上)，保证养殖中华乌塘鳢顺利越冬。温棚距离池底4 m左右，以方便日常操作管理。越冬期间，中华乌塘鳢摄食量减少，应酌情减少投饵量，同时也要减少换水量；晴天中午，温棚每天通风 1～2 h，夜间打开增氧机增氧，保证池水有充足的氧气。夏季高温季节，特别是烈日曝晒时，池塘水位要保持在 1.5 m 以上。

八、捕　捞

5—6 月投放全长 5.0～6.0 cm 的中华乌塘鳢苗种，经过 1 年左右的养殖，成鱼体质量可达到 100～200 g/尾，即可分批捕捞上市。中华乌塘鳢个体间存在生长差异，采用捕大留小的收获方式，可增加养殖效益。目前通常采用以下几种方法进行捕捞。

（一）鱼巢捕捞

排放养殖池水，直至露出池底的 PVC 管鱼巢，接着用左右手分别捂住鱼巢两端的开口并将它提起，然后放开左手或右手将管内的中华乌塘鳢倒入容器内。

（二）张网捕捞

张网用 PE 网线编织而成，由网身和网囊两部分组成，网囊网目大小为 1～3 cm，网口大小随闸门大小而定，网长则为网口径的3～5倍。

作业时，将张网固定在池塘排水的闸门处，开闸放水捕获。放水一段时间后，提起网囊，解开活络结，取出中华乌塘鳢。当池水基本排干后，重新进水，继续开闸放水捕捞，如此反复几次。此法在晚上进行，效果会更好。

（三）笼式小张网捕捞

笼式小张网一般呈长方形，用 PE 网片做成，四边用钢筋、竹片、铁丝等固定成形，宽 40～50 cm，高 30～50 cm，长 1.0～2.0 m，两端呈漏斗形，网口用竹圈或铁丝固定成扁圆形，口径约为 15 cm。

作业时，在笼式小张网内放些小鱼、小蟹等作为诱饵，将网具放入水中，晚上放网，次日清晨收网。在养殖池塘中，一般一亩大小的池塘放 4～6 只网，连续作业几天，起捕率可达到 50%～80%。捕前停食一天，效果会更好（赵青松 & 金珊，2003）。

（四）圈网捕捞

圈网呈长圆筒形，由 PE 等网线编制而成，长 3～10 m，直径 50～100 cm，由多节组成，每节都由铁丝或竹篾等制成的圆圈撑开，内有一个入口，均有网片做成的倒须，最后一节为网囊，盛纳渔获物。

作业时，将长圆筒形的圈网用竹竿插入池底，且竹竿高出水面以示标记。中华乌塘鳢游动时误入圈网，无法逃脱而被捕获。此法每天早晚各收获一次，收获时只要提起网囊，解开活络结，倒出渔获物即可。

（五）地龙网捕捞

地龙网俗称地笼，由PE等网线编制而成，高40～50 cm，宽50～60 cm，长5～10 m，分为7～16节，每节用钢筋、竹条、铁丝框等固定成方形或圆形，并有1～2个扁圆形的开口，口径约为10 cm，每相连两节的进口方向相反，从中央到两端，内径越来越小，两端都为取鱼部。

作业时，将地龙网敷设在池塘中，中华乌塘鳢游动或觅食时误入地龙网而被捕，倒出渔获物即可。此法每天早晚各收获一次。

（六）干塘捕捞

干塘捕捞是一种要全部收获养殖池塘内中华乌塘鳢的方法。作业时，先将池水放浅，用手抄网逐尾捕捉；待水排干后，再掏洞捕捉。干塘捕捉的中华乌塘鳢应尽快放入清水中暂养，否则由于鱼鳃中粘满污泥，容易缺氧死亡，造成经济损失。

目前中华乌塘鳢以活鱼销售为主，商品鱼规格100～200 g/尾，市场价格100～120元人民币/kg，受到上海、广州、厦门等城市消费者的欢迎。

第七节　中华乌塘鳢与对虾等混养

中华乌塘鳢与凡纳滨对虾（*Litopenaeus vannamei*）和日本囊对虾（*Marsupenaeus japonicus*）混养已形成一种新的养殖模式。苗种放养前需对鱼塘进行肥水（培养饵料生物），每亩施放100～150 kg发酵的有机肥，或施放碳酸氢铵0.5～1.0 kg/亩和过磷酸钙0.05～0.10 kg/亩，这样不仅可以形成良好的养殖生态环境，而且浮游动物也可以作为苗种的天然饵料。天气晴朗时，5～6天，池水浮游生物便大量繁殖，当水色呈现黄绿色或茶褐色时即可投放苗种（严天鹏，2006）。

中华乌塘鳢与凡纳滨对虾混养时，每亩放养全长 4.0 cm 的中华乌塘鳢 2 000～3 000 尾、全长 1.0～1.2 cm 的凡纳滨对虾苗种 15 000～20 000 尾。凡纳滨对虾苗种放养前需要淡化。在这种以中华乌塘鳢为主要养殖种类、凡纳滨对虾为次要养殖种类的鱼虾混养模式下，饵料投喂以中华乌塘鳢为主，饵料种类、配制方法和投喂方法同前述的中华乌塘鳢的单养模式，根据水温和水质情况按鱼体质量的 3%～5%投喂。对虾以摄食中华乌塘鳢的残饵为主，或只投喂少量的对虾配合饵料，根据水温和水质情况按对虾体质量的 1%～2%投喂。混养的对虾养殖周期短，一般 3 个月左右就可达到上市规格，因此要适时插网捕捞。方法是：傍晚前在池塘四周放置地龙网，在网的周围撒一些饵料诱捕对虾，夜间定期收集进入网内的对虾。若误捕到中华乌塘鳢，则可将其用10 mg/L的高锰酸钾溶液浸泡消毒 10 min 后重新放回池中；但那些鳞片已严重脱落的个体，切勿放回池塘，以免患病而感染其他个体。

林瑶琼等（2015）报道了中华乌塘鳢和日本囊对虾选育新品系的混养模式。放养的中华乌塘鳢体质量为 2.0～2.5 g/尾，放养密度为 1 000 尾/亩；放养的日本囊对虾选育新品系全长为 0.8 cm，放养密度为 40 000 尾/亩。在这种以日本囊对虾为主要养殖种类、中华乌塘鳢为次要养殖种类的虾鱼混养模式下，饵料投喂以对虾为主。日本囊对虾投喂福星牌虾类配合饲料，日投喂量为对虾体质量的 5%，每天投喂 2 次，分别为 18:00 和 23:00；中华乌塘鳢投喂新鲜杂鱼和鳗鱼饲料的混合物，每天在 10:00 投喂 1 次，日投喂量为中华乌塘鳢体质量的 5%。

在中华乌塘鳢养殖池塘内，还可以混养少量蓝子鱼、金钱鱼等杂食性鱼类，以清除残饵，或抑制其他微生物的过度繁殖生长，保持水质的稳定（林振伟，2010）。

中华乌塘鳢与对虾混养的水质调控、鱼巢清淤、巡塘、越冬和防暑的管理措施同前述的中华乌塘鳢单养模式。

第八节 病敌害及其防治

病敌害及其防治是中华乌塘鳢养殖过程中的重要一环。病害发生的原因是复杂的，养殖区域的超负荷养殖、水体交换条件差、同一口池养殖时间太长，养殖池老化和养殖密度过高等都是病害发生的条件；长期投喂小杂鱼（虾、蟹）等高蛋白饵料，残饵及排泄物容易污染水质，也会导致鱼病的发生；养殖环境中不适宜的水温、酸碱度、盐度、溶解氧等，以及在捕捞和运输过程中操作不当使鱼体受伤也是引起鱼病的原因（张文胜，2001）。

为了预防和减少病害的发生，养殖池塘布局要合理，对养殖区的养殖容量进行评估，在同一个养殖区内养殖池塘不宜过于集中，便于水体交换，避免发病时互相感染。在整个养殖过程中，要始终坚持“预防为主，防治结合”的原则，严把苗种、水质和饵料关，加强日常管理。苗种投放后，每半个月用 50 g/m^3 的生石灰或 0.3～0.5 g/m^3 的二氧化氯或 30 g/m^3 的沸石粉全池泼洒。每隔 5～10 天，在饵料中添加 1%～2%的大蒜素、少量的维生素 C、免疫多糖或“鱼必康”投喂，可有效地预防或减缓多种鱼病的发生，每 1 kg 饵料拌 1 g 土霉素可预防肠炎。定期在池中投入光合细菌、芽孢杆菌（0.5～1.0 g/m^3）等微生物制剂，在池水中保持一定数量的有益菌。捕捞操作过程要小心，防止鱼体受伤并发细菌感染。

平时要对鱼体进行常规检查，观察鱼的头部、体侧和鳍条是否有寄生虫（如鱼虱、线虫等）、水霉等微生物；鳃丝颜色是否正常，是否出现变白、黏液多和肿大腐烂现象；肛门是否红肿发炎；腹部是否膨胀；胃肠内是否有食物；肝脏颜色是否异常，是否变白。发现患病的死鱼，应及时捞起并用生石灰土掩埋，不能随意丢进排水沟中，以免再次污染水质。

中华乌塘鳢饵料应逐渐从目前的新鲜小杂鱼（虾、蟹）过渡到人工配合饲料，后者具有来源稳定、运输方便、营养全面、价格便宜等特点，还可以减少残饵对水质的污染。

一旦发生鱼病，要及时治疗。实践中常见疾病及防治方法如下所述（张良尧，2002；张文胜，2001）。

一、鱼虱、中华颈蛭等寄生虫病

（1）症状：病鱼体表寄生着圆形或椭圆形虫体，皮肤黏液增多，并发生溃烂或继发性引起细菌病；病鱼食欲减退，身体消瘦。

（2）防治方法：排去池水1/2，使用0.3～0.5 g/m^3 的90%晶体敌百虫连续全池泼洒2天；或第1天泼洒0.075 g/m^3 的"灭虫精"后，第2天再泼洒1 g/m^3 的"消毒王"，即可治愈。

二、水　蛭

（1）症状：水蛭寄生在鱼的口腔、鳃盖内和鳃丝上，肉眼可见，吸取鱼血；寄生处表皮组织损伤，鱼体消瘦，严重时会引起死亡。

（2）防治方法：用90%的敌百虫全池泼洒，剂量为0.3～0.5 g/m^3 水体。

三、赤皮病

（1）症状：病鱼体表局部发红或大部分出血发炎，鳍基部充血，鳍条末端溃烂，鳍条裂开。

（2）防治方法：使用0.4～0.5 g/m^3 的"强氯精"或二氧化氯全池泼洒，同时投喂"鱼病康"等药饵，一般每100 kg鱼体质量每天用"鱼病康"50 g拌饵料投喂，连喂5～7天可治愈；或先用1 mg/L漂白粉溶液浸浴5～10 min，再每尾鱼注射青霉素2万单位/次，连续数天即可好转或治愈。

四、皮肤溃疡病

（1）症状：感染初期，鱼体表皮似烫伤起泡，食欲不振，在水面缓慢游动；感染中期，鳍基部、躯干部等发红或斑点状出血；感染后期，吻端或鳍膜糜烂，患部组织呈出血性溃疡。

（2）防治方法：用0.4～0.5 g/m^3 的"强氯精"或二氧化氯全池泼洒，连泼数天，同时投喂“鱼病康”等药饵。其他防治方法同赤皮病防治。

五、肠炎病

(1)症状：鱼体腹部膨胀，肛门红肿外突；严重者肠道末端从肛门脱出外翻，肠壁充血呈紫红色，轻压腹部有黄色黏液流出。

(2)防治方法：每 100 kg 鱼体质量用大蒜素 4～8 g 拌饵料投喂，连续投喂 5～7天可治愈；或用“肠炎灵”10～20 g 或“海鱼康”100 g 拌饵料投喂。

六、肝　病

(1)症状：病鱼肝脏肿大发白，或伴有点状充血。

(2)防治方法：目前还没有有效的治疗方法，可在每千克饵料中拌入 10 g 穿心莲或 2 g 板蓝根进行预防。

七、打印病

(1)症状：病鱼皮肤出现圆形或椭圆形的病灶，病灶处肌肉逐渐腐烂，周围边缘充血呈印状。

(2)防治方法：发病时用漂白粉或五倍子水溶液全池泼洒，或两者轮流使用，漂白粉浓度为 2～3 mg/L，五倍子浓度为 2 mg/L，漂白粉泼洒后 3～4 h 换水。

八、痉挛病

(1)症状：鱼受到突发性的强烈刺激后，身体变得僵直，过一段时间后可以恢复到正常状态。

(2)防治方法：投饵过程和鱼巢清淤操作时尽量避免惊动养殖鱼。

治疗鱼病时要对症下药，药物最好交替使用，不能长期使用同一种药物。同时也要注意药物的副作用，尽量少使用副作用大的药物。

中华乌塘鳢养殖常见的敌害有花鲈等凶猛肉食性鱼类，一经发现，应立即清除。

参考文献

林瑶琼,钟声平,王　军,等,2015. 虾鱼混养模式下日本囊对虾选育新品系生长特性[J]. 厦门大学学报(自然科学版),45(3):335-339.

林振伟,2010. 中华乌塘鳢池塘无公害高产养殖技术[J]. 水产养殖,(6):14-15.

刘振勇,1996. 中华乌塘鳢人工苗种的养成试验[J],海洋渔业,(3):111-113.

苏春福,2008. 中华乌塘鳢与南美白对虾池塘混养试验[J]. 科学养鱼,(2):30-31.

韦加腾,林日钊,黄成亮,等,2000. 中华乌塘鳢幼鱼全价配合饲料的研制[J]. 饲料工业,21(1):28-29.

严天鹏,2006. 中华乌塘鳢池塘养殖试验[J]. 渔业致富指南,(20):26-27.

张邦杰,毛大宁,张邦豪,等,1997. 中华乌塘鳢的池养生物学与养成技术研究[J]. 海洋科学,(5):15-18.

张良尧,2002. 中华乌塘鳢池塘养殖技术[J]. 科学养鱼,(9): 27.

张文胜,2001. 中华乌塘鳢人工养殖[J]. 水产科技,(5):9-11.

赵青松,金　珊,2003. 中华乌塘鳢的捕捞方法[J]. 水产养殖,24(1):27-28.

赵青松,金　珊,2005. 中华乌塘鳢野生苗种的采捕与暂养技术[J]. 水利渔业,25(5):19-20.

第四章

饵料生物培养

饵料生物包括微藻、轮虫、卤虫、桡足类等，分别在幼体不同发育阶段投喂。

第一节　微藻的培养

微藻营养丰富，富含蛋白质、维生素、多不饱和脂肪酸、活性多糖等（刘海娟等，2014），是水产育苗和养殖的基础饵料。微藻在中华乌塘鳢人工育苗早期不仅可以为仔鱼提供饵料、净化水质，而且还可以用于培育轮虫和桡足类。

一、微藻的主要种类

微藻由单细胞或多细胞组成，大多营浮游生活，是食物网中的初级生产者。作为海洋动物饵料生物的主要微藻种类有小球藻、扁藻、三角褐指藻、角毛藻、骨条藻、等鞭金藻、叉鞭金藻等。鱼类人工育苗一般采用的微藻主要是小球藻和扁藻。

（一）小球藻

小球藻（*Chlorella* spp.）隶属于绿藻门、绿藻纲、绿球藻目、小球藻科、小球藻属。小球藻（图 4-1）为单细胞体，常单生，也有多细胞聚集。细胞呈球形，内有一个周生、杯状或片状的色素体。同种小球藻在不同环境条件下，细胞大小有所变化。蛋白核小球藻细胞直径为 3～5 μm，其生殖方式为无性生殖，每个细胞可以产生 2 个、4 个、8 个或 16 个似亲孢子，成熟时母细胞破裂，孢子逸出，长大后即为新个体。小球藻营养丰富，细胞内的蛋白质、脂肪和碳水化合物含量都很高，又有多种维生素，是理想的饵料生物。

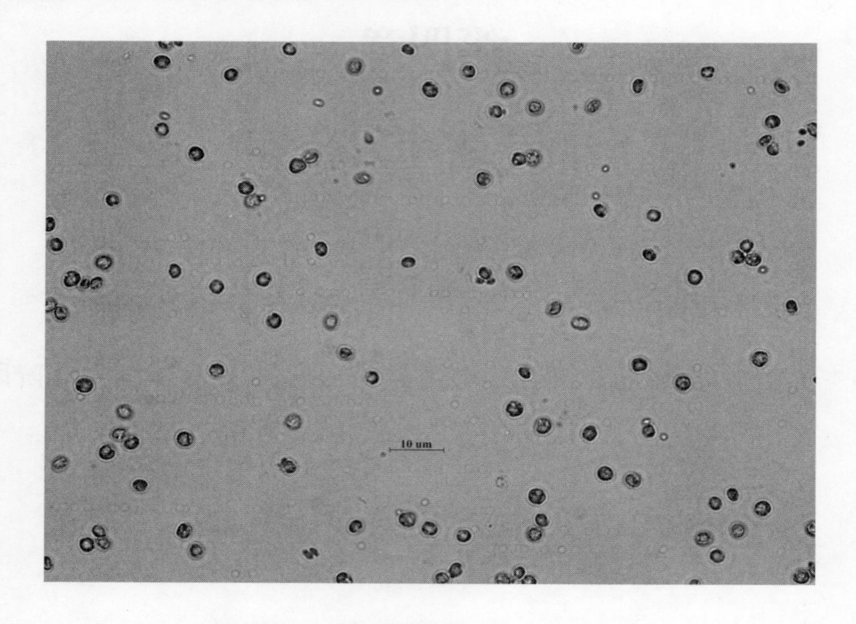

图 4-1　小球藻(*Chlorella* sp.)

小球藻的适宜温度范围为 10～36 ℃，最适温度 25 ℃左右；光照强度 10 000～30 000 lx；适宜盐度 20～30，最适盐度 25 左右；适宜 pH 值 6～8。

(二)扁藻

扁藻(*Platymonas* spp.)隶属于绿藻门、绿藻纲、团藻目、衣藻科、扁藻属。扁藻(图 4-2)为单细胞体，细胞长 10 μm 左右，藻体一般扁压，有背弯腹平的特点，具有 4 条等长鞭毛。伸缩泡 2 个或不明显，色素体呈 4 个分叶，淀粉核 1 个。其生殖方式为无性生殖，细胞纵分裂形成 2 个，少数情况下为 4 个子孢子，环境不良时形成休眠孢子。扁藻在温暖且有机质含量较多的水域中能大量繁殖。

扁藻的适宜温度范围为 7～30 ℃，最适温度 20～28 ℃；光照强度 10 000 lx 左右；适宜盐度 8～80，最适盐度 30～40；适宜 pH 值 6～9，最适宜 pH 值 7.5～8.5。

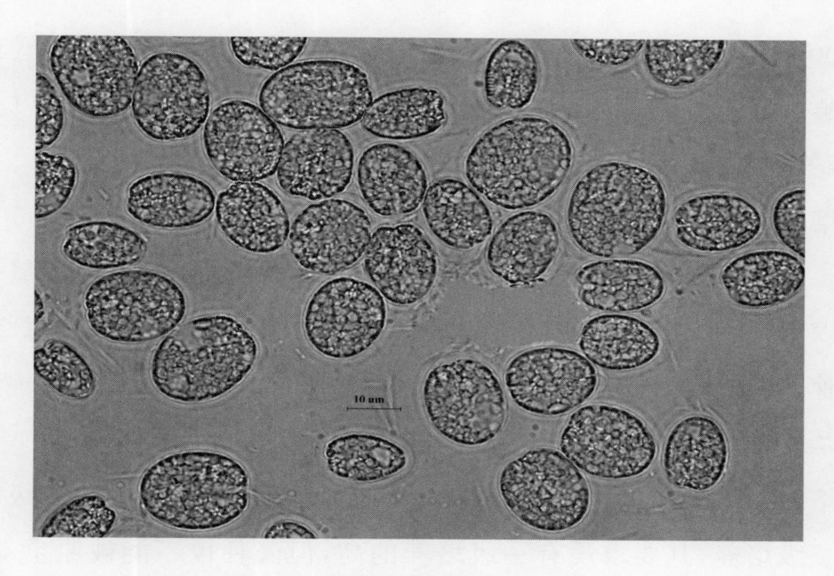

图 4-2　扁藻(*Platymonas* sp.)

二、微藻的培养方法

根据藻种的纯度和用途，微藻的培养可分为一级培养、二级培养和三级培养(福建省科学技术厅，2004)。

(一)一级培养

一级培养的藻种要纯，密度高，未被污染，无原生动物，生长旺盛，无老化现象，一般需要在无菌条件下培养，操作要求十分严格。

(1)培养容器和培养用水。

一级培养的容器一般采用不同容积的三角烧瓶和细口玻璃瓶(100～3 000 mL)，使用前经加热法消毒或用高浓度的含氯氧化剂消毒，包扎瓶口的纸张需要经高压灭菌后才能使用。一级培养的海水要经过严格过滤，必要时需要用脱脂棉作为过滤材料，过滤后的海水还要进行煮沸处理方可使用，一般不需要充气。

(2)培养液。

一级培养的培养液一般每立方米水体使用硝酸钠或硝酸铵 50～100 g，磷酸二氢钾 5 g，柠檬酸铁或枸橼酸铁铵 0.1～0.5 g，维生素 B_1 针剂 100 mg，维生素

B_{12}针剂 500 mg,分别溶解于 500 mL 或 1 000 mL 的蒸馏水中备用。营养盐溶液采用煮沸或高压灭菌消毒,维生素加入消毒后的营养盐溶液中。

(3)培养管理。

一级培养为室内培养,室温控制在 10～25 ℃;光照 5 000～10 000 lx,避免光线直射。当单胞藻迅速增殖时,pH 值急剧上升,这时必须通入二氧化碳或加入稀盐酸以降低 pH 值。定期摇动培养容器,使单胞藻均匀分布。每 2～3 天镜检一次藻种,检查藻种是否被污染、老化或混种等。

(二)二级培养

二级培养是藻种的扩大培养,目的是为三级培养供应藻种。二级培养的藻种来源于一级培养,其要求没有一级培养的高,但藻种也不能被原生动物污染,藻细胞不能老化,不能出现混种。同时也要求藻种密度高,数量大。

(1)培养容器、培养用水和充气。

二级培养的主要容器有大塑料袋、透光塑料桶、玻璃钢水槽(深 0.6～0.8 m,体积 0.1～0.6 m^3)和小型水泥池(深 0.6～0.8 m,体积 0.5～5 m^3)。塑料桶、玻璃钢水槽和小型水泥池使用前需用 200～300 mg/L 的漂白粉或次氯酸钠水溶液浸泡 30 min,再用消毒水洗干净。二级培养的藻种体积为三级藻类培养体积的1/10～1/20。二级藻种的培养用水同样要经过严格过滤,必要时使用 25 mg/L 的次氯酸钠消毒 8～10 h,经硫代硫酸钠中和至无氯后使用(可用淀粉-碘化钾溶液作为指示剂检验水中是否存在余氯)。二级藻种培养需要充气,这样不仅可以促进藻类的繁殖,而且可以使藻类分布均匀,同时还能促进空气中的二氧化碳溶解于藻液中。

(2)培养液。

二级培养常用的营养盐以氮、磷、铁为主,同时添加微量元素。氮的用量为 20～40 mg/L,磷的用量为 1～4 mg/L,铁的用量为 0.1～0.4 mg/L,少量的维生素 B_1 和 B_{12}。营养盐溶液采用一次性配制。氮肥可使用工业纯硝酸铵。

(3)培养管理。

二级培养一般为室内培养,光照强度 8 000 lx 以上,夏季在室内培养时,注意打开门窗通风降温。

（三）三级培养

三级培养的目的是为生产上提供大量的单胞藻饵料。三级培养具有水体大、开放性强、产量高等特点，因此藻液容易被污染，藻体容易出现老化现象。

（1）培养容器、培养用水和充气。

三级培养的容器为大型水泥池，每口池面积一般为 5～20 m^2，池深 0.8～1.0 m，使用前用漂白粉消毒后清洗干净。三级培养用水和二级培养一样，需经过砂滤和次氯酸钠消毒、硫代硫酸钠中和后方可使用。水泥池布设充气管和气石，配备有水泵、搅拌机等工具。

（2）培养液。

三级培养的营养盐可全部使用工业纯或农用制剂，以降低生产成本。营养盐溶液采用一次性配制。常用营养盐种类和用量比例同二级培养，但用量要根据藻类的生长繁殖情况而定。若营养盐的用量太大，则藻类的生长繁殖速度快，同时藻类的老化也快；反之亦然。因此，要根据藻类用量的实际需要，以施肥量来控制藻类生长繁殖的速度。

（3）培养管理。

三级培养有室外和室内培养两种方式。三级培养的藻种来自二级培养的藻类，接种比例一般是（1∶1）～（1∶3）。接种时要求二级藻种生命力强、生长旺盛、处于指数生长期和基本无污染。接种的时间最好选择在早上，晚上不宜接种。水体一般不需要控温和调节光强，藻类在自然温度和自然光照下生长繁殖。当藻类出现老化时，要排干池水，彻底消毒后再重新接种。

第二节　轮虫的培养

轮虫是经济水生动物的开口饵料，在水产育苗生产上应用广泛。随着鱼类、虾类和蟹类育苗规模的扩大，轮虫作为优质饵料生物的需求量越来越大。目前的轮虫培养方法主要有室外土池培养和室内工厂化培养两种。

一、轮虫的分类与生活习性

轮虫（*Brachionus* spp.）隶属于腔肠动物门、轮虫纲。轮虫的种类繁多，全世界大约有 2 000 种，在我国已报道的有 252 种（贺诗水，2009），淡水和海水中均有分布。海水中的轮虫有 50 多种，多数生活在沿岸浅海区，常作为饵料生物用于海产动物人工育苗的褶皱臂尾轮虫（*Brachionus plicatilis*）（图 4-3）隶属于单卵巢目、游泳亚目、臂尾轮虫科、臂尾轮虫属。轮虫的营养丰富，干物质中蛋白质含量 57％、脂肪含量 20％、磷含量 15％、钙含量 1.8％。

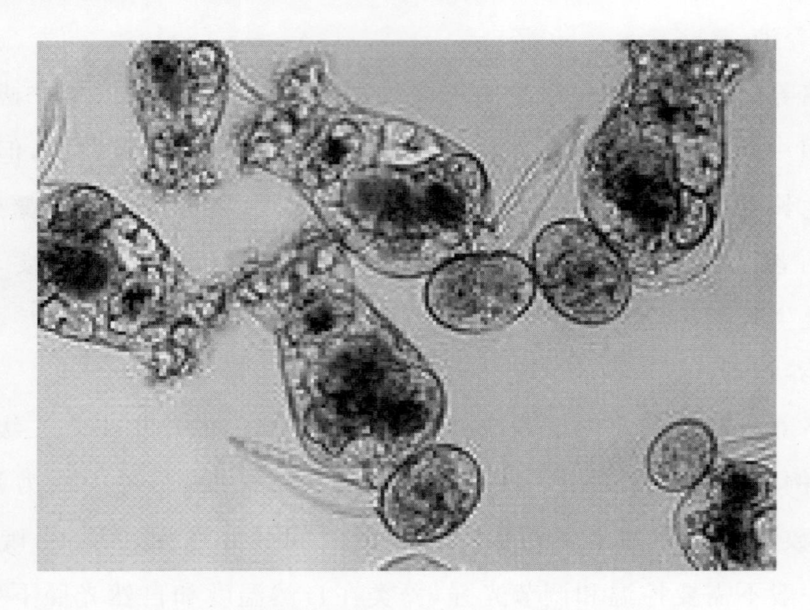

图 4-3　褶皱臂尾轮虫（*Brachionus plicatilis*）

褶皱臂尾轮虫为雌雄异体，但常见的是雌性个体；当环境因子改变时，会出现雄性个体。雌性臂尾轮虫身体的前端具有一发达的头冠，其上有纤毛环；头冠之后的躯干部被一透明、光滑的背甲所包围，背甲前缘通常具有 6 个棘刺；背甲后部正中有一开口。轮虫的尾部很长，上有环状纹，后端有一对铗状趾。生殖系统由单个的卵巢、卵黄腺和输卵管组成，成熟的卵经输卵管、泄殖腔排出，黏于足基部，在体外进行胚胎发育。通常把背甲长于 210 μm 和小于 210 μm 的褶皱臂尾轮虫分为 L 型和 S 型两个遗传性状不同的品系，经对这两个品系进行分类研究，定为是两个亚种，即 L 型为 *Brachionus plicatilistipicus*，S 型为 *Brachionus plicatilisrotundiformis*。

褶皱臂尾轮虫对盐度的适应能力很强，可耐受的盐度范围为 2～50，适宜的盐度为 10～30，最适的盐度为 15～25；但对突然大幅度的盐度变化的适应力差。在水温 5～40 ℃范围内，褶皱臂尾轮虫均能生长繁殖，较适宜的水温为 25～40 ℃，30～35 ℃最为适宜；当水温低于 10 ℃时，会产生冬卵、成体死亡。褶皱臂尾轮虫适宜的 pH 值为 5～9，最适 pH 值为 7.5～8.1。在 25 ℃条件下，褶皱臂尾轮虫的寿命短，雌性一般为 7～10 天，雄性为 2～3 天。

褶皱臂尾轮虫存在单性生殖世代个体和两性生殖世代个体，生活史中有世代交替现象。其生殖方式为孤雌生殖和有性生殖交替进行。当环境条件适宜时，主要进行孤雌生殖，雌体经有丝分裂产生二倍体的夏卵（非混交卵），不经受精便可发育为二倍体的雌体。在一定环境条件（如温度、光照时间、食物、种群密度等）的刺激下，二倍体的非混交卵便发育为混交雌体，混交雌体通过减数分裂形成单倍体的雄体，雄体经有丝分裂产生精子，混交卵与精子结合后形成厚壁的二倍体冬卵（休眠卵）。休眠卵并不立即发育，能抵抗干燥、低温等不良环境，待环境温度适宜时孵化，发育成非混交雌体。

L 型轮虫在 25 ℃时的繁殖率最高，S 型轮虫在 34 ℃时的繁殖率最高；L 型轮虫在 5 ℃时仍然可以繁殖，而 S 型轮虫在低于 15 ℃时不能繁殖。L 型轮虫一个个体产卵数为 10～24 个，卵在 25 ℃时 1 天内孵化，发育变态为成体轮虫后，在 20～25 ℃条件下 12 h 内产卵。褶皱臂尾轮虫单性生殖时繁殖速度快，在水温 22～24.5 ℃、盐度 22～25 和饵料充足的条件下，经 10 天的培养，群体密度可由原来的 3 个/mL 增加到 610～980 个/mL，增长了 203～327 倍。

褶皱臂尾轮虫为滤食性动物，食性广，摄食细菌、浮游藻类、小型原生动物、有机碎屑等，一般大小在 25 μm 以下的颗粒较为合适。人工培养的轮虫主要投喂单胞藻和酵母。褶皱臂尾轮虫适应环境的能力强、繁殖快、世代周期短、培育方法简便，适合大规模人工培养，并具有个体小、游动缓慢等特点，是海水鱼类幼体适宜的开口饵料。

二、轮虫的室内培养

在适宜的培养条件下，轮虫室内高密度培养比较稳定。根据生产规模的大小，轮虫室内培养可分为种级培养、扩大培养和大量培养3种。

（一）培养容器

根据不同的培养要求，室内轮虫培养可采用不同种类和规格的容器，种级培养一般采用不同规格的三角烧瓶、细口瓶、玻璃缸等；扩大培养通常采用玻璃钢桶；大量培养则采用水泥池。培养容器使用前都需要用漂白粉或高锰酸钾消毒。

（二）培养用水

种级培养需采用消毒水，以减少原生动物污染；扩大培养和大量培养可采用砂滤水。

（三）接种

轮虫的种源可以从科研教学单位或苗种培育场获得。接种的密度直接影响轮虫的繁殖速度，密度越小，繁殖越快，相对数量增长越大，但绝对数量增长越小。在水温25 ℃的条件下培养，接种密度以20～80个/mL为宜。

（四）培养条件和管理

（1）盐度。

褶皱臂尾轮虫的适应盐度范围很广，在盐度为3.8～43.1的水中均能生活；但比较适应低盐度的海水，生产上最好把盐度控制在15～15。

（2）温度。

褶皱臂尾轮虫在5～40 ℃的条件下均能生活，但最适水温为25～28 ℃。

（3）饵料。

培养轮虫常用的饵料是微藻和酵母。

1）微藻。

微藻是培养轮虫的理想饵料，常用的微藻有小球藻、微绿藻、扁藻等。轮虫接种前要预先培养好单胞藻，接种后再投喂微藻，投喂次数和密度并没有严格的要求，视轮虫的生长情况和水温而定。例如，以小球藻投喂轮虫，在水温20 ℃，25 ℃，30 ℃和35 ℃的条件下，最有效的投喂密度分别为160万个/mL，180万个/mL，200 万个/mL和 220 万个/mL。保持足够的饵料密度是大量培养轮虫的关键。采用微藻投喂轮虫时，应选用处于指数生长期的微藻，老化的微藻不利于轮虫的生长，且会败坏水质、降低培养密度。保持轮虫培养容器上方一定的光照，让微藻利用培养液中的代谢废物，起到改善水质的作用。

2)酵母。

当微藻的供给不足时，可用酵母代替微藻培养轮虫。生产上主要采用的酵母有面包酵母、啤酒酵母、海洋酵母等，其中面包酵母最为常用。酵母是实现轮虫大批量生产的替代饵料。酵母来源有保证、使用方便。以酵母为饵料可做到轮虫的高密度培养，密度一般可以达到 400～600 个/mL，高者可达到 1 000 个/mL以上。在 25 ℃条件下，面包酵母的投喂量为 1 g/100 万个轮虫/天，每天投喂 2～4 次。投喂前先用少量水将酵母块溶解，充分搅拌成酵母悬液，然后泼洒入轮虫培养池。

生产上也可以混合使用单胞藻和酵母培育轮虫。

(4)充气。

除小体积(如小型玻璃瓶)的种级轮虫培养外，轮虫的培养要连续充气，尤其是以面包酵母培养轮虫时，但充气量不能太大。充气的作用：一是增加水体溶解氧的含量，二是使轮虫和饵料分布均匀。

(5)水质管理。

由于轮虫的耐污能力强，因此在使用微藻培养轮虫时，从接种到收获可以不换水。但由于投喂藻液的稀释作用，因此很难做到高密度培养，只有通过换水来减少水体体积，不断补充新藻液才能培养出高密度的轮虫。在使用面包酵母培育轮虫时，由于残饵会败坏水质，因此必须换水，一般每天换水一次，换水量为水体的 50%。当培养池底部积累太多的污物时，还要用虹吸管将沉淀的污物吸出。为了减少轮虫的损失，将吸出的污物接入一容器，沉淀后再将水上层的轮虫滤出，放回原来的培养池。

换水和吸污只能改善部分水质，如果发现轮虫培养池中有大量的原生动物，就要更换新池重新进行轮虫培养。

(6)观察和镜检。

轮虫培养过程中要经常观察和取样镜检，以掌握轮虫的生长和繁殖情况、分布密度等。生长良好的个体明显肥大，胃肠饱满，游动灵活。轮虫成体是否带夏卵及其数量是判断轮虫生长好坏的标准。如果多数轮虫带夏卵，就说明轮虫生长较好；如果轮虫身上附着污物、沉底、游动不灵活、不带夏卵或冬卵、雄体出现，这些特征都是生长不良的表现。

(7)计数。

为了明确轮虫的数量，需要对培育池中的轮虫进行计数。计数方法是先充气或搅拌使轮虫分布均匀，再用一支容量为1 mL的移液管直接在培养容器中取样；或先用一个小容积的烧杯取样，再使用移液管从烧杯中吸取1 mL水样。用移液管吸取水样时，要快速准确一次吸取1 mL的水量。计数时，右手食指紧压移液管上端管口，左手食指紧压移液管下端的出水口，不让水滴滴出，然后将移液管倾斜对着光源(日光灯或太阳光)，则可见管内轮虫呈小白点状缓慢游动，可先从移液管尖端开始计数，逐渐移动至上端，直到计数完毕。轮虫的计数也可采用浮游生物计数框，即取一个槽体积为1 mL的计数框，将1 mL水样装满框槽，加一滴福尔马林将轮虫杀死，在显微镜下计数。知道1 mL水样的轮虫数量后，就可推算出容器中全部轮虫的数量。

(8)收获。

轮虫密度达到200个/mL后，繁殖速度减慢，会出现雄性个体，此时应当收集轮虫。收集的方法有：①虹吸法，用水管或水泵抽出，并用200～300目筛绢网过滤；②网捞法，用200～300目的手操网随时捞取；③光诱捕，轮虫具有趋光性，在培养池上方吊挂一个灯泡，等轮虫聚集时以手操网捞取。

三、轮虫的室外培养

(一)培养池

轮虫的室外培养是一种大面积、粗放型的培养方式，一般采用室外土池，或者室外水泥池。培养池的池底需平缓，围堤坚固、不漏水，最好有淡水水源用于调节盐度。为了便于管理，培养池的面积不宜太大，以每口667 m^2为宜，水深60～80 cm。使用前先用漂白粉(60 mg/L)消毒培养池，5～7天后接种微藻，然后施肥培育微藻，当微藻繁殖浓度达到一定数量时，即可接种轮虫，接种密度一般为1～5个/mL，接种密度大些，繁殖更快。

（二）培养管理

（1）盐度。

室外池培养轮虫，由于池水的蒸发，导致水位下降和盐度升高，因此，需要经常添加淡水，盐度保持在15～30。

（2）投饵与施肥。

室外池培养轮虫一般在第一次施肥后不再追加施肥。但当池中微藻的密度降低、轮虫的饵料不足时，可再施肥一次。室外池培养轮虫一般不投喂酵母，以免败坏水质。

（3）日常观察。

观察轮虫密度的变化，注意水质是否异常，检查培养池中是否有敌害生物（如原生动物、聚缩虫等），发现问题，及时处理。

第三节　卤虫的培养

一、卤虫生物学

（一）分类与分布

卤虫（*Artemia* spp.）（图4-4）也称丰年虫，是一种低等的小型甲壳动物，隶属于节肢动物门、有鳃亚门、甲壳纲、鳃足亚纲、无甲目、盐水丰年虫科、卤虫属。

卤虫的分布很广，除两极地区外，世界各地的盐湖和沿海高盐水域均有分布，全世界已报道的卤虫产地有500多处，中国北自辽宁、南至台湾和海南岛沿海都有卤虫分布。

（二）形态特征

卤虫为雌雄异体。成体卤虫体长8～12 mm，最长可达15 mm，体分为头、胸、腹3部分，头部短小，不具头胸甲，头部前端中央具单眼，两侧的复眼成对，具

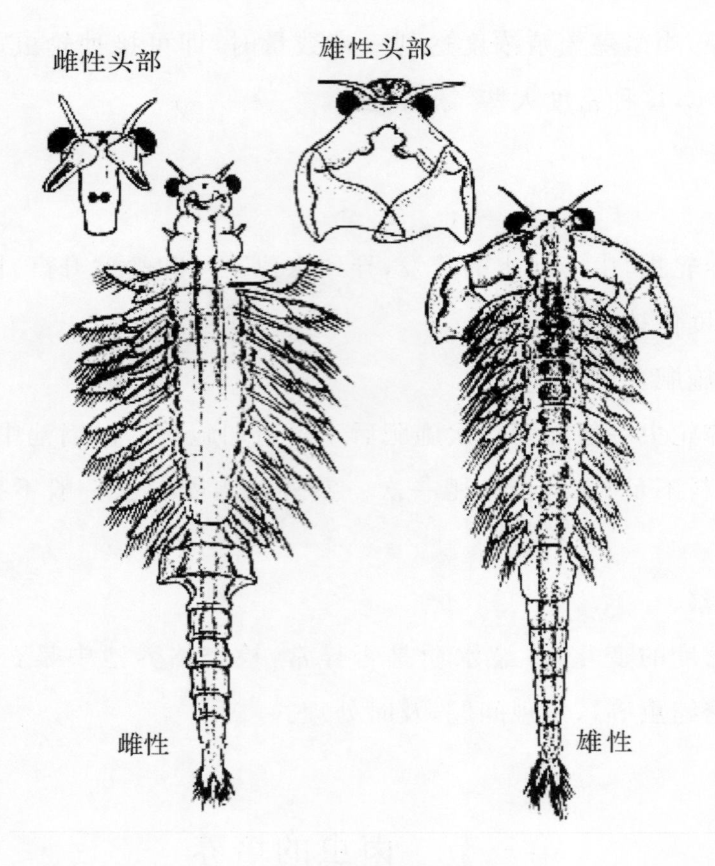

图 4-4　卤虫外形

柄。第一触角细长，不分节；第二触角雌、雄构造不同，雌性很短，基部稍有扩大，雄性变为抱雌器。胸肢 11 对，既是游泳肢，也是呼吸器官。腹部分为 8 节或 9 节，最前两节为生殖节，雌性在腹部第一节有生殖孔，雄性在第一、二腹节有一对交接器。雌性在后体节腹面有一对不对称的卵囊。腹部尾节的端部有两个小叶状分叉，小叶不分节，顶端列生若干刚毛。生活在高盐水域的个体稍小，呈橘红色（李良华，2002）。

（三）生态习性

卤虫是广盐广温性动物，尤其能忍耐高盐，甚至可以生活在接近饱和的盐水中。幼虫的适应盐度范围为 20～100，成体的适应盐度范围为 10～250。卤虫的适温范围为 6～35 ℃，因产地不同而有所差异，最适生长水温为 25～30 ℃。卤虫的耐低氧能力很强，可生活于溶解氧含量为 1 mg /L 的水体中，也能生活于含饱和氧的环境中，致死溶解氧含量为0.13 mg/L。卤虫生活的天然环境为中性到碱性。冬眠卵孵化用水的pH值以8～9为宜，pH值低于8时会降低孵化率。卤虫是典型的滤食性动物，只能滤食50 μm以下的颗粒，对大小为5～16 μm的颗粒有较高的摄食率。在天然环境中，卤虫主要以细菌、微藻、有机碎屑等为食。

（四）繁殖习性

卤虫有两类，一类是单性生殖（孤雌生殖）卤虫，另一类是两性生殖卤虫。一般认为，孤雌生殖卤虫和两性生殖卤虫，即使生活在同一地区，也存在生殖隔离，它们之间是种间的差别。卤虫的繁殖有卵生和卵胎生两种生殖方式。卵生雌性卤虫产两种类型的卵，即冬卵和夏卵，一般认为，环境条件好时产夏卵，条件较差时产冬卵（又称休眠卵）（图4-5）。6月下旬到11月下旬为卤虫的繁殖期。在春夏季，雌体产卵（非需精卵），成熟后不需要受精便可孵化为无节幼体，发育成为雌虫。秋季环境条件改变时，则行有性生殖，此时雄体出现，雌、雄交尾产生休眠卵。雌性卤虫每次怀卵量为70～110个，每个雌体一生约产卵3次。休眠卵具

图4-5 卤虫休眠卵

有较厚的外壳，圆形，灰褐色；能漂浮于水面或悬浮于水中，能在水底淤泥中度过严寒，也能在干燥或其他恶劣环境中生存，故可长期保存。卤虫雌体具有抱卵习性。雌体产生的夏卵，可在卵囊内发育并孵化为无节幼体后离开母体。

（五）生长发育

卤虫卵孵化出幼体后，幼体经过几次蜕皮变态，才能发育成为成体，一般经过无节幼体和后期无节幼体两个阶段。

刚产出的卤虫卵呈球形，有较厚的外壳，灰褐色，卵的直径为 200～280 μm，大小因产地、季节和繁殖方式不同而异。卵产出后孵化的无节幼体和在卵囊中孵化产出的无节幼体形态上是一样的，均为长椭圆形（体长 300～460 μm），呈浅橘褐色，不分节，具3 对腹肢。在 25 ℃条件下，孵化后 20 h 左右第一次蜕皮，变为后期无节幼体，体稍延长，后部出现不明显的分节，消化道开始形成，以触角上刚毛的摆动获取食物；第二次蜕皮后出现复眼，但无眼柄，后部出现体节；第三次蜕皮后，出现 11 对胸肢雏形；第四次蜕皮后，后体节形成，复眼具柄。此时，后幼体期结束，进入拟成虫期。

从第十次蜕皮起，形态发生重大变化，触角失去刚毛，丧失原始的运动能力；出现性别分化，雄性的触角发育成钩状的抱雌器，雌性的触角退化为具有感觉作用的附肢；胸肢分化成机能不同的 3 个部分，即起过滤作用的端肢节、有运动能力的浆状内肢节和有呼吸作用的膜状外肢节。第十二次蜕皮后，变态为成体，成体每次生殖，均蜕皮 1 次。

二、卤虫卵的孵化

卤虫无节幼体是海水鱼类人工育苗的一种重要饵料生物，由卤虫卵孵化获得。水产养殖中所使用的卤虫卵为冬卵。卤虫卵的品种很多，有国产的，也有进口的。判别卤虫卵质量的优劣主要是其孵化率，在同等的孵化条件下，高质量的卤虫孵化率可以达到 90％以上。我国已制定了卤虫卵的国家标准（表 4-1 和表 4-2）。

表 4-1　中华人民共和国水产行业标准 SC/T2001-94(卤虫卵)

技术要求之感官指标

项　目	指　标
色泽	棕褐色、黄褐色、灰褐色、有光泽
气味	无霉臭气味
手感	松散、无黏连、无潮湿感
形态 (20～30 倍解剖镜观察)	卵的一端凹陷,呈半球形,卵壳表面光滑,无异物附着,偶见(或少见)破裂卵及卵壳附着其他杂质颗粒等

表 4-2　中华人民共和国水产行业标准 SC/T2001-94(卤虫卵)

技术要求之质量分级指标

项　目	指　标				
	一级	二级	三级	四级	五级
杂质/%	≤1	≤3	≤6	≤12	≤20
孵化率/%	≥90	≥80	≥70	≥60	30～50
水分/%	2～8			<12	

(一)孵化容器

卤虫卵的孵化容器有孵化桶(图 4-6)和孵化池(图 4-7)。孵化桶一般由玻璃钢材料制成,圆形,上部直径大于下部,底部为漏斗状,漏斗末端有排水口,体积 0.5 m^3。这种孵化容器的孵化密度高,能使卵均匀分布且始终保持悬浮状态,孵化率高,孵化后的无节幼体容易被分离。孵化池为水泥钢筋结构,圆形或长方形,池深 0.8～1.0 m,面积 1～2 m^2。孵化容器使用前必须进行消毒处理。

(二)孵化条件

(1)温度:卤虫卵在水温 15～40 ℃都可以孵化,但孵化适宜水温为 25～30 ℃,最适水温为 28 ℃,水温超过 35 ℃,孵化率明显下降。不同产地的卤虫卵最适的孵化水温也有差异,在相同温度下,孵化时间也不尽相同。

图 4-6　卤虫孵化桶

图 4-7　卤虫孵化池

(2)盐度：卤虫卵在盐度 5～100 的水体中均能孵化，适宜的孵化盐度为 25～35。孵化率随盐度的升高而降低，孵化时间随盐度的升高而延长。

(3)pH 值:卤虫卵孵化适宜的 pH 值在 8～9,高于 9 或低于 8,孵化酶活性下降。每升水体中加入 1 g 碳酸氢钠,就可以将 pH 值稳定在 8～9,使孵化酶保持最大活性。

(4)溶解氧:卤虫卵可以在溶解氧含量低于 1 mg/L 的水体中孵化,但为了获得高的孵化率,孵化过程中需要连续充气,保持水体溶解氧含量为 2 mg/L 或以上。

(5)光照:卤虫卵孵化时需要一定的光照。卤虫卵在 1 000 lx 的光照下孵化,可以获得最佳的孵化效果。因此,卤虫卵孵化时,可在孵化容器上方安装日光灯或白炽灯,并将光照强度控制在理想的范围内。

(三)孵化前的处理

卤虫卵表面常黏附细菌,孵化前要进行消毒处理。操作时,将卤虫卵装入 150 目的筛绢网袋内,用淡水浸泡 1 h 以上,使其充分吸水,加快孵化速度;然后用 200 mg/L 的福尔马林浸泡 25～30 min,或 300 mg/L 的高锰酸钾溶液浸泡 5 min。

(四)孵化密度

每克卤虫卵大约有 20 万粒,不同的孵化容器的孵化密度不一样。用孵化桶孵化卤虫卵时,孵化密度为 3～5 g 卵/L;用孵化池孵化卤虫卵时,孵化密度为 0.3～0.5 g 卵/L。卤虫卵孵化率的高低受到诸多因素的影响,如卤虫的品系、卵的加工处理技术、孵化条件等,孵化率高的可以达到 90%以上,低的只有 30%～50%。

孵化海水必须过滤,孵化过程连续充气,以防止卤虫卵沉底堆积,保持稳定的水温,在适宜的孵化条件下,24～30 h 即可孵出无节幼体。

(五)无节幼体的分离与收集

刚孵化的卤虫无节幼体与卵壳、死卵混合在一起,若卵壳和死卵随无节幼体进入育苗池,则不仅败坏水质,而且一旦被幼体摄食后,会引起幼体消化不良,甚至导致幼体死亡。所以在收集无节幼体前,必须将其与卵壳和死卵分离。分离方法有光诱和淡水分离两种。

(1)光诱:卤虫无节幼体有较强的趋光性,分离前先停止充气,将黑布盖在孵化器的上方,静置 10 min,让死卵沉于孵化容器底部,卵壳浮于表层;用光将无节幼体诱集到光亮处,与卵壳分开,再用虹吸法收集无节幼体。采用孵化桶孵化卤虫卵时,还要将孵化桶底部的排水口打开,先将死卵排出,然后再套上 150 目的筛绢网袋收集无节幼体;将收集的无节幼体放入盛有干净海水的容器中,用光诱的方法将无节幼体与其他杂质分离。

(2)淡水分离:用筛绢网袋将无节幼体、卵壳、死卵和杂质收集在一起,立即放入淡水中。由于盐度的突然变化,无节幼体呈现应急状态而游至水体下层,卵壳漂浮于水面,死卵和杂质沉于底部,用虹吸法将无节幼体吸出(连建华,2000)。

三、卤虫卵的去壳

卤虫冬卵的外层为一厚的卵壳,卵壳内为处于原肠期的胚胎。卵壳从外到内分为 3 层,即硬壳层、外表皮和胚表皮。去壳的卤虫卵,可直接投喂,用于孵化或风干贮存。有的品系的卤虫卵,去壳后可以提高孵化率和营养价值。

卤虫卵壳的主要成分是脂蛋白和正铁血红素,利用次氯酸钠或次氯酸钙溶液可以氧化去除这些物质。卤虫卵去壳的方法是先在 25 ℃的海水或淡水中浸泡卤虫卵 1～2 h,使其吸水膨胀为圆球形,再用次氯酸钠或次氯酸钙溶液去壳。不同品系的卤虫卵,去壳液中所需的次氯酸钠的浓度不一样,天津卤虫每克卵去壳的有效氯用量为 0.4～0.5 g。去壳溶液的总体积按每克干卵 14 mL 的比例配制。由于有效氯的含量会随贮存时间的推移而下降,因此,去壳液要现配现用。将浸泡好的卤虫卵沥干后放入已配好的去壳液中并不断搅拌。

pH 值大于 10 时,卤虫卵去壳的效果好。因此,用次氯酸钠溶液去壳时,通常使用氢氧化钠来调节去壳液的 pH 值(用量为每克干卵 0.15 g);用次氯酸钙溶液去壳时,则使用碳酸钠来调节去壳液的 pH 值(用量为每克干卵 0.67 g)。

在去壳过程中,卤虫卵的颜色渐渐由咖啡色变为白色,最后变为橘红色。此过程最好在 5～15 min 内完成,时间过长会影响孵化率。去壳过程是一个氧化作用,并产生气泡,要不停地测定其温度,可用冰块将水温控制在 40 ℃以下。

当去壳完成后,用孔径为 120～130 μm 的筛绢网收集已去壳的卤虫卵,用足量的自来水或海水充分冲洗干净,直到闻不出有氯气味为止。为了进一步除去残留的次氯酸钠，可将去壳卵浸入1%～2%的硫代硫酸钠溶液中约 1 min 中和残氯，然后再用自来水或海水冲洗。去壳卵经冲洗后，可以直接投喂，也可以孵化后投喂，或放入−4 ℃冰箱中保存备用。

四、卤虫的培养

（一）培养池

室外水泥池和土池均可作为卤虫的培养池。水泥池面积30～50 m²，土池面积 50～100 m²，水深以 60～80 cm 为宜。培养池必须坚固、不渗漏，并无其他水源流入，以免降低盐度。

（二）清池

为保证卤虫的生长和繁殖，培养前需清池以杀死池中的敌害生物。清池采用干晒结合药物的方法，即将池水排干，在烈日下曝晒 3～4 天后，用漂白粉 60～80 g/m³ 浸泡 2～3 天后用砂滤水冲洗，引入经 100～120 目筛绢网过滤的海水，接种单细胞藻。

（三）饵料生物培养

施肥培养单细胞藻。每立方米水体施硝酸铵 40～50 g，磷酸二氢钾 5～7 g 和枸橼酸铁铵 0.5～0.7 g。视天气和藻类生长状况，一般每隔一星期追肥 1 次，追肥量为施肥量的一半。当培养池中的藻类不足时，可以采用外加饵料的方法以满足轮虫的摄食需求。角毛藻、骨条藻、扁藻等都是培养卤虫的良好饵料，还可以投喂酵母、大豆粉、面粉等。

（四）接种卤虫

当单细胞藻繁殖到一定密度时，即可接入孵出的卤虫无节幼体，接种密度控制在 5 000～10 000 个/m³。

（五）日常管理

根据培养密度，采用搅拌池水或开启增氧机的方法，以增加水体溶解氧含量；通过调节施肥量或换水的方法来调节培养池中饵料生物的数量；检测水质和盐度的变化，每天检查卤虫生长和繁殖情况。

(六)收获

卤虫无节幼体生长到能够繁殖后代的成体大约需要15天。当卤虫繁殖到一定密度后,可用抄网直接从培养池中捞取,也可用灯光诱捕法;但每次的捕捞量不宜过多,保持培养池中有足够数量的卤虫繁殖个体,以保证饵料的持续供给(李良华,2002)。

第四节　桡足类的培养

很多沿岸性的桡足类动物富含廿二碳六烯酸(DHA)和廿碳五烯酸(EPA)(大约占到所含脂肪酸的60%),还富含蛋白质、虾青素、维生素C、维生素E等营养物质,是众多经济鱼类和虾蟹幼体主要的天然饵料生物,在鱼类和虾蟹的育苗和养殖中被广泛使用。

一、桡足类生物学

(一)分类与分布

桡足类(Copepod)隶属于节肢动物门、甲壳纲、桡足亚纲。桡足类大多为海水种类,少部分生活在半咸水或淡水区域。据统计,全世界桡足类种类共计200科,1 650属,11 500种。但在水产养殖方面作为饵料生物的种类,主要隶属于桡足类的哲水蚤目(Calanoida)和部分猛水蚤目(Harpacticoida)(齐鑫等,2011)。

(二)形态特征

桡足类是小型甲壳动物,身体分为头部、胸部、腹部3部分,体长一般不超过3 mm,背面常有1个单眼。体形一般呈圆筒形,细长,且分节明显,体节数通常为16节,头部6节、胸部5节、腹部5节(第一腹节具有生殖孔,称为生殖节;最末的腹节称为尾节)。腹肢11对,头部6对,即第一触角、第二触角、大颚、第一小颚、第二小颚和颚足;胸部5对,前4对构造相同,双肢型,第五对常退化,两性有异。腹部无附肢,末端具有一对尾叉,其后具有数根羽状刚毛。雌性腹部常带有卵囊(连建华,2000)(图4-8)。

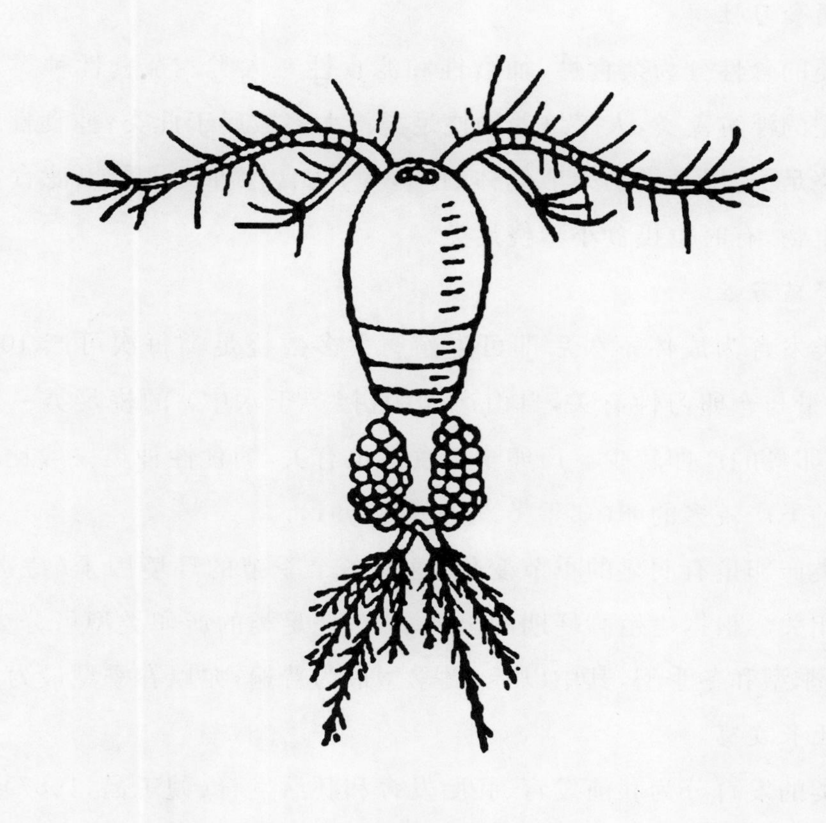

图 4-8　雌性桡足类

（三）生态习性

桡足类营浮游或寄生生活，不同种类，甚至相同种类在不同发育期都有一定的适盐范围。克氏纺锤水蚤耐盐度范围为 1～65，最适盐度为 24～30。温度的变化也可改变桡足类对盐度的耐受范围，如瘦尾胸刺水蚤在高温下耐高盐度，在低温下耐低盐度。越接近自然海区盐度对桡足类越有利，如火腿许水蚤在接近自然海区的盐度中有最高的存活率。水体中溶解氧含量过低会导致桡足类死亡率的上升和繁殖力的下降；但桡足类长期在低氧环境下驯养后，会逐渐适应低氧环境。光照强度也对桡足类生长和繁殖有一定的影响，一般以较弱光培养为宜，如细巧华哲水蚤在夏季强光直射下，3 天内就全部死亡。此外，光照周期还对桡足类卵型变化也有影响，如唇角水蚤在长光照周期主要产夏卵，而在短光照周期主要产滞育卵。

（四）摄食习性

桡足类的食性分为杂食性、捕食性和滤食性三大类。杂食性种类主要摄食微型和小型的浮游藻类，人工培养的桡足类绝大多数属于此类；捕食性种类主要摄食小型桡足类、甲壳类的无节幼体、仔鱼等；滤食性种类主要以滤食方式摄取微小浮游生物，有时也摄食小型桡足类。

（五）繁殖习性

桡足类发育为成体不久后即可生殖。大多数桡足类每次可产 10～100 个卵，但产卵量与产卵习性有关，自由产卵（直接产于水中）的桡足类一般产卵较多，而带有卵囊的产卵较少。产卵量与食性也有关，捕食性种类一般比滤食性和杂食性的种类产较多的卵（郑重 & 李少菁，1991）。

桡足类产卵量有明显的季节变化，这与各个季节的环境因子（特别是温度）不同密切相关。根据生殖高峰期的出现季节，桡足类的产卵类型可分为春季型、夏季型、秋季型和冬季型，其中以春、夏季型最为普遍，尤以春季型最为突出。

（六）生长发育

桡足类的发育分为胚前发育、胚胎发育和胚后发育（魏玉昌，1987）。卵细胞的形成为胚前发育，卵受精后至无节幼体孵化为胚胎发育，无节幼体第一期至桡足幼体第五期蜕皮为胚后发育。桡足类自受精至无节幼体孵化时间的长短随种类的不同而变化，同一种类的胚胎发育持续的时间随水温的升高而缩短。无节幼体呈卵圆形，背腹略扁平，身体不分节，前端有一个暗红色的单眼，附肢 3 对，即第一、二触角，大颚，身体末端有一对尾触毛。

海洋桡足类的幼体发育分为无节幼体期和桡足幼体期。根据个体大小、附肢刚毛和尾刺数，无节幼体分为 6 期。桡足幼体的身体分前、后体部，基本具备了成体的外形，只是身体较小，体节和胸足数较少。根据其胸节、腹节和胸足的数目，桡足幼体分为5 期。因此桡足类的幼体共分 11 期，每蜕皮一次为一期，相邻两次蜕皮之间的时间为一个龄期。

（七）休眠

桡足类中不少种类可以休眠度过不利环境，但以桡足幼体（通常是第一期至第五期）和雌、雄成体休眠的种类更为普遍。例如，剑水蚤目的许多种类，在春夏之交或秋季开始夏眠或冬眠，或在湿土中度过水域的干涸期。在夏眠或冬眠期，它们的身体藏在一个包囊中。有的剑水蚤的成熟雌性带着卵囊，在包囊中的卵囊也一并度过不利的环境条件。也有的种类在水域底部的淤泥中越冬，如广布中剑水蚤。

二、桡足类的培养

目前能培养一个世代以上的浮游或半浮游的桡足类已有数十种，首先培养成功的是广生态型的底栖猛水蚤类，如虎斑猛水蚤，其次是近岸河口的哲水蚤类，如纺锤水蚤等（魏玉昌，1987）。大洋型的浮游桡足类很难培养成功。养殖密度的高低对桡足类的培养具有重要的影响。相对轮虫、卤虫等活饵料而言，桡足类对于高密度养殖环境非常敏感，从而限制了桡足类在海水鱼类育苗中的大量应用。

培养桡足类，饵料的供应是最重要的，但温度、盐度、溶解氧、光照强度等对桡足类生长和繁殖也有重要的影响，使用同一种饵料在不同的条件下培养桡足类效果是不一样的。在适温范围内，偏高的水温能促进桡足类繁殖，增加怀卵次数和个数以及缩短产卵周期与孵化时间，但如果超过适温范围，桡足类死亡率增大。不同种类，甚至同种的不同发育期及性别都有一定的适盐范围。溶解氧含量过低会导致桡足类死亡率的上升和繁殖力的下降。光照强度也对桡足类生长和繁殖有一定的影响，一般以较弱光培养为宜。

桡足类主要培养方式有室外大面积培养和室内集约化培养两种，生产上主要采用室外大面积培养的方式。

室外土池培养桡足类具有操作简单、管理方便、生产费用低等优点，但产量较低，且受季节和水温的影响较大，易受病毒和细菌污染（齐鑫等，2011）。

（一）培养池

室外培养池应建在中潮线上，大潮时可以纳潮进水，也可以因地制宜将养虾池或养鱼池改造成室外培养池，在培养池的对应方向设置进水口和排水口。每口培养池面积 300～600 m^2，池深80～100 cm，底质以沙泥或泥质为宜。

（二）清池消毒

培养桡足类前要对培养池进行清池消毒，杀灭敌害生物。先将池塘曝晒3～5天，每亩池塘再用生石灰 100～150 kg 或30 g/m^3 水体的漂白粉（有效氯32%）进行全池泼洒消毒。

（三）进水接种

清池消毒后引进经 80 目筛绢网袋过滤的海水，海水中的浮游藻类和桡足类幼体随之进入池内，成为培养种和饵料的来源；但最好能人工接种理想的种类，使之成为优势种，达到预定的培养目的。

（四）施肥培养饵料

进水接种后，应马上施肥培育浮游藻类，施放牛粪 150～200 kg/亩或硫酸铵 0.5～1 kg/亩，施肥后 4～5 天，浮游藻类大量生长，水色变浓；7～8 天后，桡足类大量繁殖。为了保持桡足类稳定生长和繁殖，必须使池中浮游藻类的数量维持在一定的水平，因此需要持续施肥。第一次施肥一般能维持 10～15 天，以后大约 10 天需追肥一次，追肥量和追肥时间须根据池水浮游藻类的数量而定（陈明耀 & 吴琴瑟，1978）。

（五）培育管理

（1）维持池水浮游藻类的数量在适宜的范围。

池中浮游藻类的数量主要受施肥量的影响，施肥量大，藻类繁殖过多，容易使水质恶化，引起桡足类大量死亡；施肥量不足，浮游藻类数量少，不能满足桡足类的需求，使桡足类数量大量下降。要保持桡足类的稳产，必须通过控制施肥量和掌握施肥时间来维持浮游藻类的数量在适宜的范围。池水中藻类细胞的数量与透明度值有密切关系，可以用池水透明度值为指标来判断水中浮游藻类的数量是否适宜，若透明度值在 35～50 cm，则表示池中浮游藻类的数量在适宜范围之内；若透明度值大于 50 cm，则表示池中浮游藻类数量不足，应进行施肥；若透明度值小于 35 cm，则表示池中浮游藻类数量过多，应停止施肥或添加新鲜海水。

（2）控制水位及维持正常比重。

桡足类培育过程中，水深保持在 80～100 cm。夏季由于太阳曝晒，水分蒸发量大，水位下降，池水比重增大，对桡足类生长和繁殖不利，此时要引入淡水或添加新鲜海水来维持水位和保持正常的比重。

（六）捕捞

桡足类的数量达到一定密度后，即可进行连续捕捞，供育苗生产，根据育苗需要捕捞桡足类无节幼体或桡足类成体。捕捞桡足类无节幼体时，可用XX10～12号筛绢网；捕捞桡足类成体时，可用GG54～64号筛绢网。以抄网为捕捞网具，抄网口直径30 cm，网衣深度30 cm，底部平坦，用一根长竹竿做手柄。每天的捕捞次数和捕捞量根据育苗时的需求量和池中桡足类的密度而定。

参考文献

陈明耀，吴琴瑟，1978. 桡足类大面积养殖试验初报[J]. 水产与教育，(2)：52-57.

福建省科学技术厅，2004. 大黄鱼养殖[M]. 北京：海洋出版社.

贺诗水，2009. 轮虫培养技术研究进展[J]. 江西农业学报，21(6)：120-121.

李良华，2002. 卤虫的养殖技术[J]. 养殖与饲料，(3)：48-49.

连建华，2000. 牙鲆养殖技术[M]. 北京：中国农业出版社.

刘海娟，陈瑞芳，曾梦清，等，2014. 单胞藻扩大培养技术的研究进展[J]. 科技创新导报，(7)：228-229.

齐　鑫，李盈锋，王　月，等，2011. 桡足类动物培养技术研究进展[J]. 湖南饲料，(6)：24-26，44.

魏玉昌，1987. 论海产鱼虾幼体的优质饵料——海洋桡足类的繁殖发育种群产量和培养[J]. 大连水产学院学报，(2)：41-52.

郑　重，李少菁，1991. 甲壳动物的生殖量与环境关系Ⅱ. 桡足类[J]. 生态学杂志，10(1)：40-44.

参考文献

彩色图版

图1-1　中华乌塘鳢(*Bostrychus sinensis*)

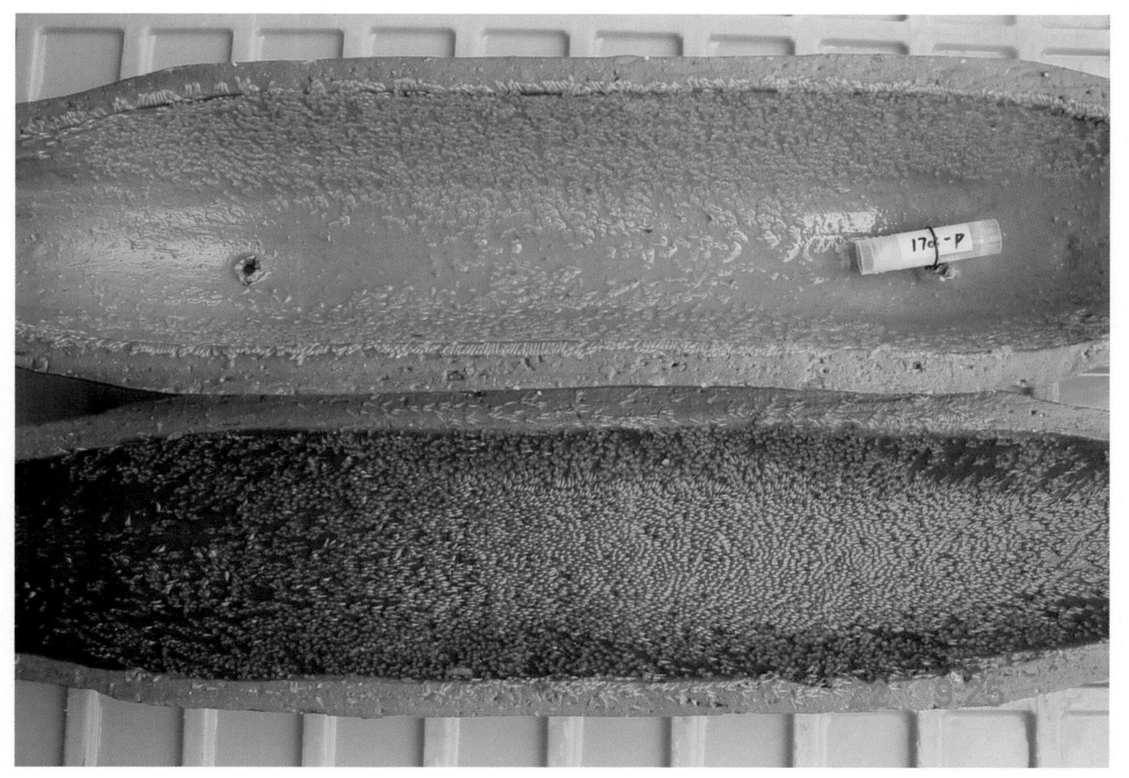

图1-4　性信息素诱发中华乌塘鳢在陶瓷管道内产卵

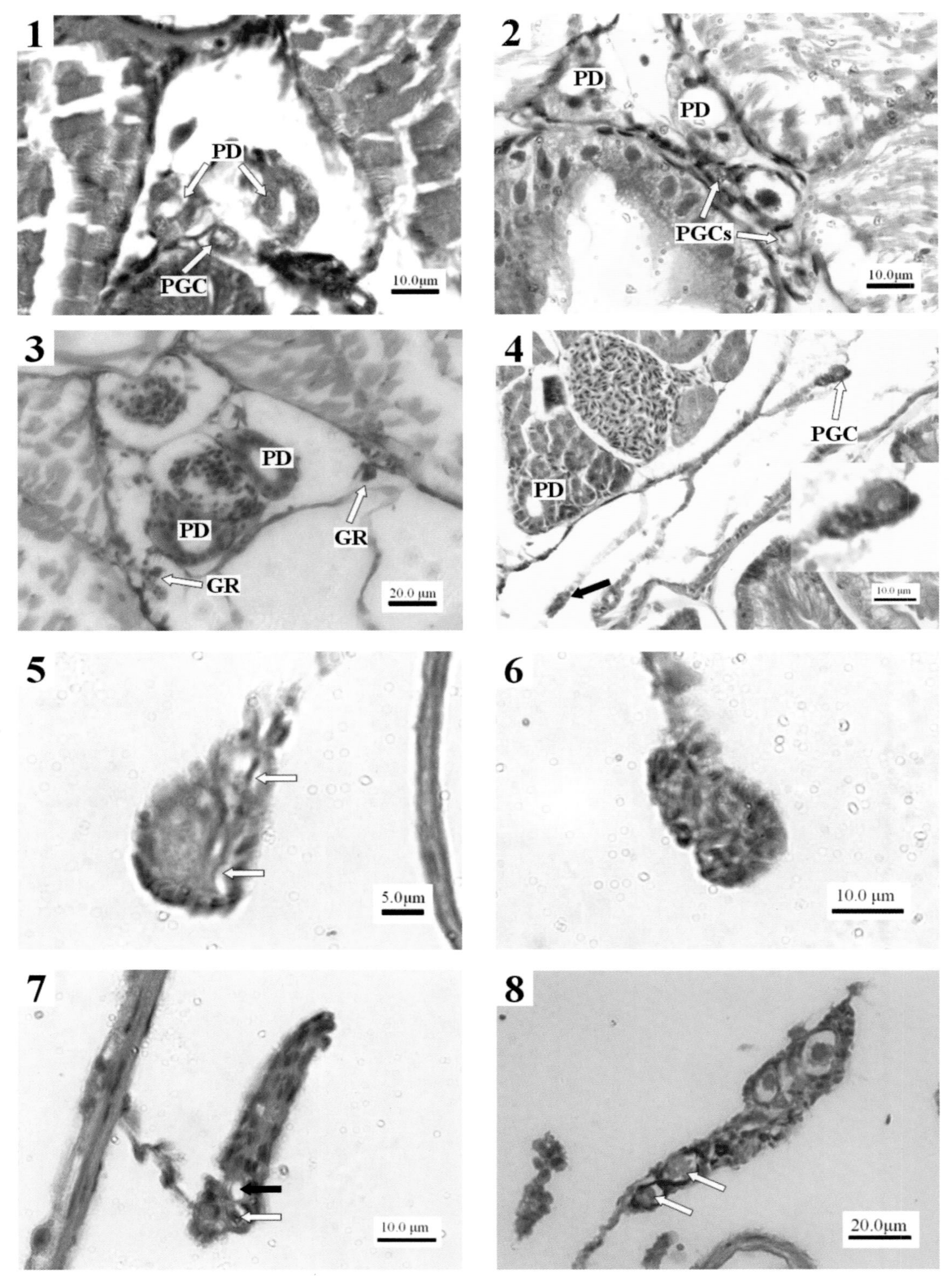

图1-7　中华乌塘鳢性腺的形成和分化（1）

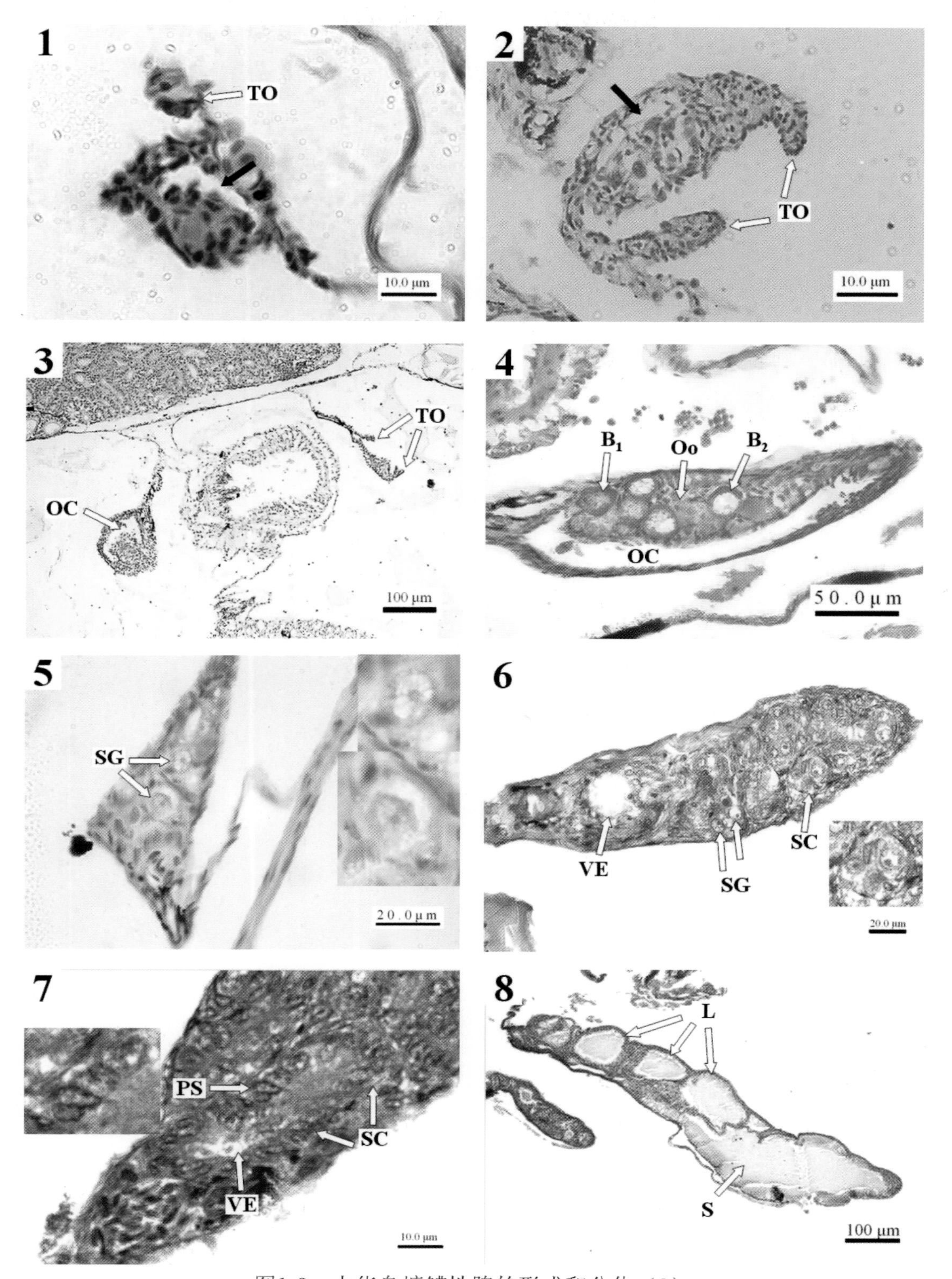

图1-8　中华乌塘鳢性腺的形成和分化（2）

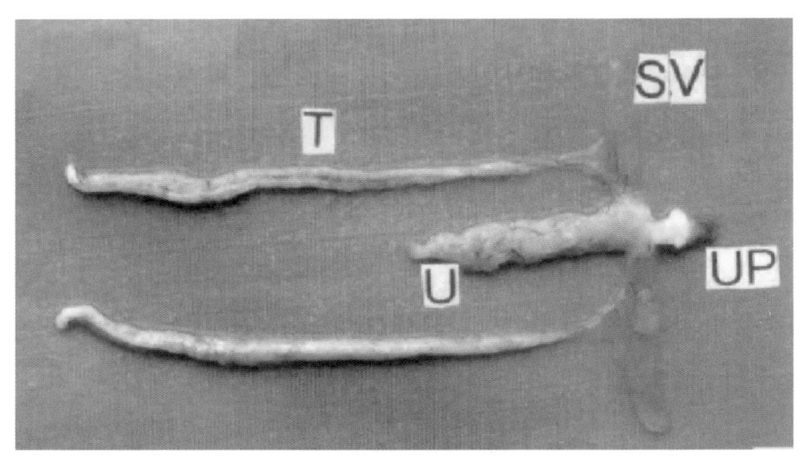

图1-9　中华乌塘鳢精巢和贮精囊外观

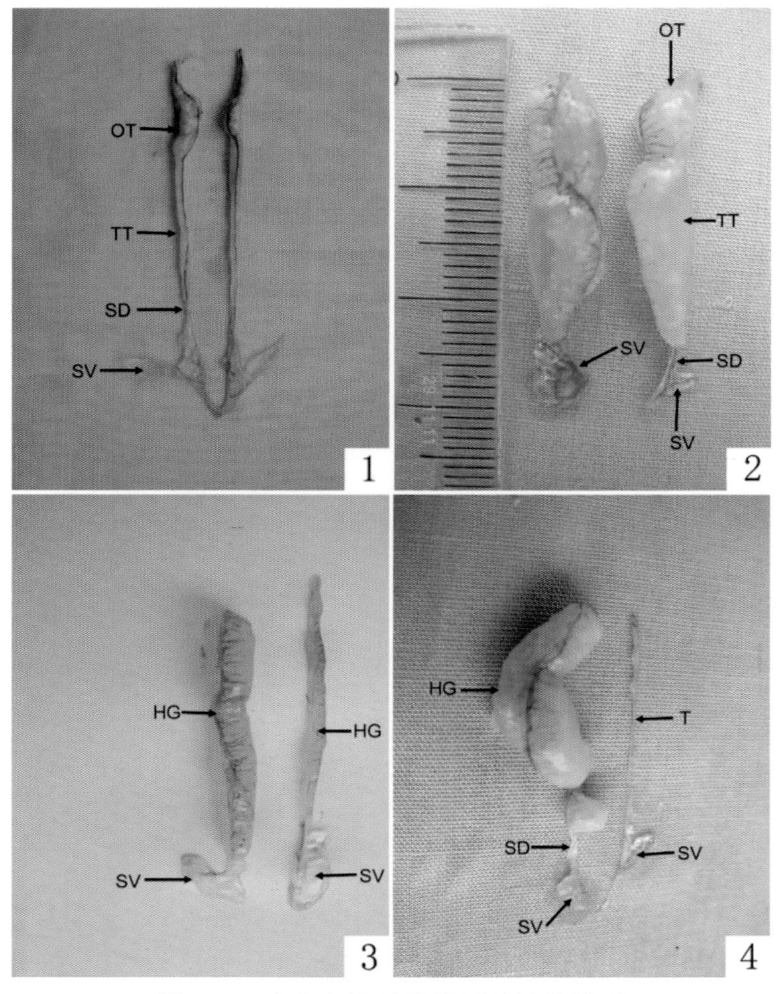

图1-11　中华乌塘鳢雌雄同体性腺外观

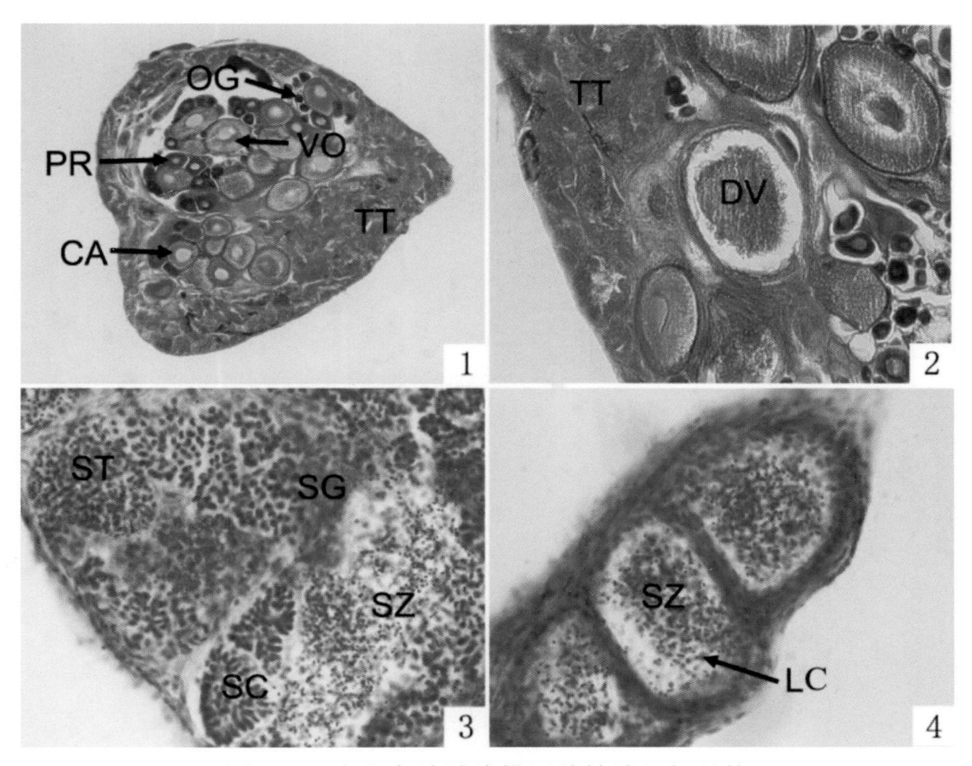

图1-12 中华乌塘鳢雌雄同体性腺组织结构

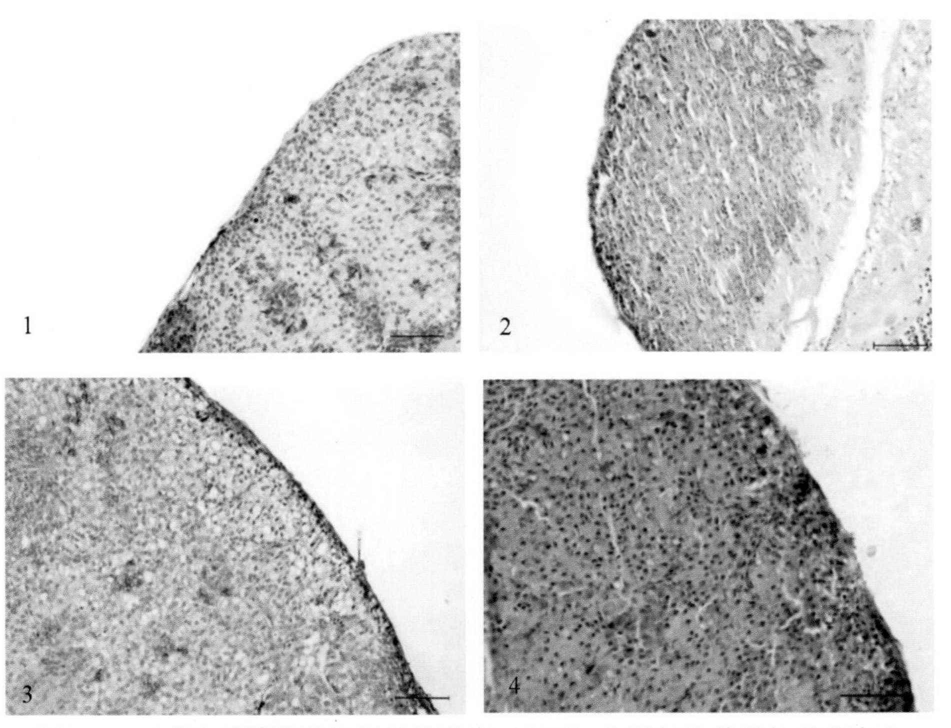

图1-22 **中华乌塘鳢**脑垂体促性腺激素（GtH）分泌细胞数量的季节变化

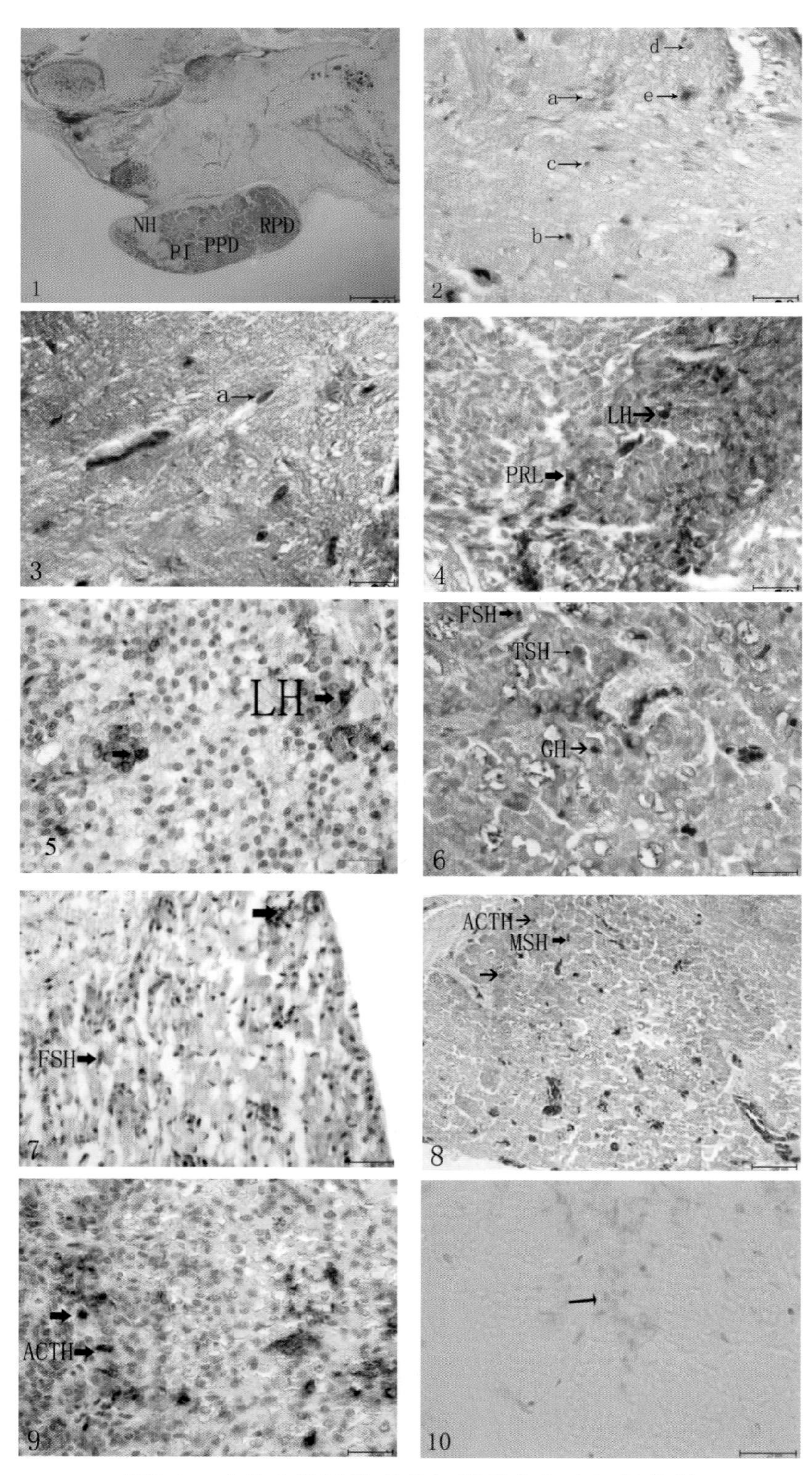

图1-21 **中华乌塘鳢**脑垂体组织学和免疫组织化学

图2-1　中华乌塘鳢孵化育苗池

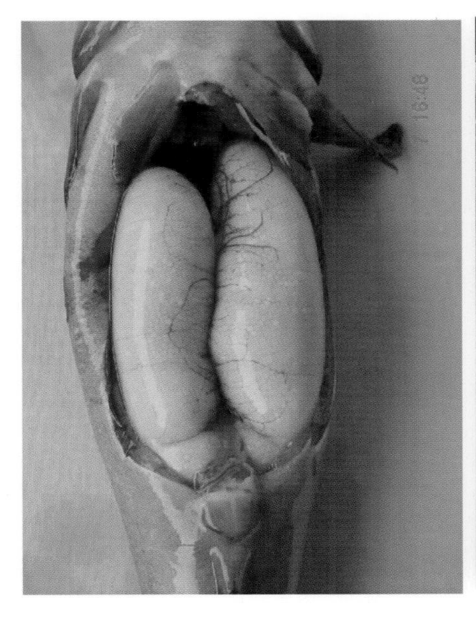

图2-2　性腺Ⅳ期的中华乌塘鳢雌鱼

图2-5　中华乌塘鳢PVC管产卵巢

图2-6　黏附受精卵的PE筛绢网片吊挂在孵化池中孵化

图3-1　中华乌塘鳢养殖池塘（福建省东山县）